乡村振兴战略之乡村人才振兴

# 砌筑工

◎ 王光宏　主编

U0247978

中国农业科学技术出版社

**图书在版编目（CIP）数据**

砌筑工／王光宏主编.—北京：中国农业科学技术出版社，2018.9
（乡村振兴战略实践丛书）
ISBN 978-7-5116-3865-6

Ⅰ.①砌…　Ⅱ.①王…　Ⅲ.①砌筑-基本知识　Ⅳ.①TU754.1

中国版本图书馆 CIP 数据核字（2018）第 199091 号

**责任编辑**　　徐　毅
**责任校对**　　马广洋

**出 版 者**　　中国农业科学技术出版社
　　　　　　　北京市中关村南大街 12 号　邮编：100081
**电　　话**　　（010）82106631（编辑室）　（010）82109702（发行部）
　　　　　　　（010）82109709（读者服务部）
**传　　真**　　（010）82106631
**网　　址**　　http：//www.castp.cn
**经 销 者**　　各地新华书店
**印 刷 者**　　北京建宏印刷有限公司
**开　　本**　　850 mm×1 168 mm　1/32
**印　　张**　　4.375
**字　　数**　　120 千字
**版　　次**　　2018 年 9 月第 1 版　2018 年 9 月第 1 次印刷
**定　　价**　　18.00 元

# 前　　言

随着社会的发展和建筑行业的新常态，建筑市场应用型人才受到越来越多企业青睐。在国家提倡多层次办学以及技能型人才实际需要的情况下，编写了本书。

本书共分 7 章，包括砌筑工基础知识、建筑识图与房屋构造、砌筑材料和工具、常用的砌筑方法、砖的砌筑、小型砌块的砌筑、砌筑工程季节施工。

本书主要特点如下。

(1) 系统地介绍了砌筑工人应了解的知识要点和操作方法，结合现场丰富的实践经验，以图文并茂的形式展现理论和实践，让初学者快速入门，学而不厌，很快掌握现场施工管理要点。

(2) 精选施工现场常用的、重要的施工工艺等知识点。严格遵守现行标准规范和图集要求，为工艺各环节提供规范化质控标准。

(3) 注重培养应用型实践人才，为建筑行业注入活力，提高人员操作水平，提高建筑施工质量，使其从建筑行业的从业者中脱颖而出，成为技术高手。

由于编者水平有限，书中难免有不妥之处，欢迎广大读者批评指正。

编　者
2018 年 6 月

# 目　　录

# 第一章 砌筑工基础知识

## 第一节 砌筑的安全知识

（1）砌基础前，必须检查槽壁。如发现土壁水浸、化冻或变形等有崩塌危险时，应采取槽壁加固或清除有崩塌危险的土方等处理措施。对槽边有可能坠落的危险物，要进行清理后，方准操作。

（2）槽宽小于 1m 时，应在砌筑站人的一侧留有 40cm 的操作宽度。在深基础砌筑时，上下基槽必须设工作梯或坡道。不得任意攀跳基槽，更不得蹬踩砌体或加固土壁的支撑上下。

（3）墙身砌体高度超过地坪 1.2m 以上时，应搭设脚手架。在一层以上或高度超过 4m 时，采用里脚手架必须支搭安全网；采用外脚手架应设护身栏杆和挡脚板。利用原架子做外沿勾缝时，对架子应重新检查及加固。

（4）不准站在墙顶上画线、刮缝、清扫墙面及检查大角垂直。

（5）不准用不稳固的工具或物体在脚手板上面垫高操作，更不准在未经过加固的情况下，在一层脚手架上随意再叠加一层。

（6）砍砖时应面向内打，防止碎砖蹦出伤人；护身栏杆上不得坐人；正在砌砖的墙顶上不准行走。

（7）在同一垂直面内上下交叉作业时，必须设置安全隔板，下方操作人员，必须佩戴安全帽。

（8）已砌好的山墙，应临时加连接杆（如檩条等）放置在各跨山墙上，使其稳定，或采取其他有效的加固措施。

（9）用锤打石时，应先检查铁锤有无破裂，锤柄是否牢固；打石时对面不准有人，锤把不宜过长。打锤要按照石纹走向落锤，锤口要平，落锤要准，同时，要看清附近情况有无危险，然后落锤，以免伤人。石料加工时，应戴防护眼镜，以免石渣进入眼中。

（10）不准徒手移动上墙的料石，以免压破或擦伤手指。

（11）不准勉强在超过胸部以上的墙体上进行砌筑，以防将墙体碰撞倒塌或上石时失手掉下，造成事故。

（12）冬期施工时，脚手板上如有冰霜、积雪，应先清除后才能上架子进行操作。架子上的杂物和落地砂浆等应及时清扫。

## 第二节　安全知识及防护用品的使用

### 一、安全基本知识

1. 安全教育

（1）新进场或转场工人必须经过安全教育培训，经考试合格后才能上岗。

（2）每年至少接受1次安全生产教育培训，教育培训及考试情况统一归档管理。

（3）季节性施工、节假日后、待工复工或变换工种也必须接受相关的安全生产教育或培训。

2. 持证上岗

工地电工、焊工、登高架设作业人员、起重指挥信号工、起重机械安装拆卸工、爆破作业人员、塔式起重机司机、施工电梯司机，必须持有政府主管部门颁发的特种作业人员资格证，方可上岗。

3. 安全交底

施工作业人员必须接受工程技术人员书面的安全技术交底，并履行签字手续，同时，参加班前安全活动。

4. 安全通道

上班应按指定的安全通道行走，不得在工作区域或建筑物内抄近路穿行或攀登跨越禁止通行的区域，安全通道标志，如图1-1所示。

图1-1　安全通道

5. 设备安全

（1）不得随意拆卸或改变机械设备的防护罩。

（2）施工作业人员无证不得操作特种机械设备。

6. 安全设施

不得随意拆改各类安全防护设施（如防护栏、防护门、预留洞口盖板等）。

7. 安全用电

（1）不得私自乱拉乱接电源线，应由专职电工安装操作。

（2）不得随意接长手持、移动电动工具的电源线或更换其插头，施工现场禁止使用明插座或线轴盘。

（3）禁止在电线上挂晒衣物。

（4）发生意外触电，应立即切断电源后进行急救。

8. 防火安全

（1）吸烟应在指定"吸烟点"，如图 1-2 所示。

（2）发生火情及时报告。

图1-2　吸烟应在指定"吸烟点"

## 二、安全防护用品的使用

劳动防护用品，是指劳动者在生产过程中为免遭或者减轻人身伤害和职业危害所配备的防护装备。正确使用劳动防护用品，是保障从业人员人身安全与健康的重要措施。为此，要注意以下几点。

（1）生产经营单位应当建立健全有关劳动防护用品的管理制度。要加强劳动防护用品的购买、验收、保管、发放、更新、报废等环节的管理，监督并教育从业人员按照使用要求佩戴和使用。

（2）提供的防护用品必须符合国家标准或者行业标准。不得以货币或者其他物品替代劳动防护用品，也不得购买、使用超过使用期限或者质量低劣的产品，确保防护用品在紧急情况下能发挥其特有的效能。

（3）在佩戴和使用劳动防护用品中，要防止发生以下情况。

①从事高空作业的人员，不系好安全带发生坠落。

②长发不盘入工作帽中，造成长发被机械卷入。

③不正确戴手套。有的该戴不戴，造成手的烫伤、刺破等伤害。有的不该戴而戴，造成卷住手套带进手去，甚至连胳膊也带

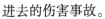

进去的伤害事故。

④不及时佩戴适当的护目镜和面罩，使面部和眼睛受到飞溅物伤害或灼伤，或受强光刺激，造成视力伤害。

⑤不正确戴安全帽。当发生物体坠落或头部受撞击时，造成伤害事故。

⑥在工作场所不按规定穿用劳保皮鞋，造成脚部伤害。

⑦不能正确选择和使用各类口罩、面具造成呼吸道感染等伤害。

## 第三节　安全色和安全标志

### 一、安全色

安全色是表达"禁止""警告""指令"和"指示"等安全信息的颜色，必须引人注目和辨认简易。《安全色》（GB 2893—2008）采用红、黄、蓝、绿4种颜色，其含义和用途如下。

（1）红色。传递禁止、停止、危险或提示消防设备、设施的信息。

（2）蓝色。传递必须遵守规定的指令性信息。

（3）黄色。传递注意、警告的信息。

（4）绿色。传递安全的提示性信息。

### 二、安全标志

安全标志由安全色、几何图形和符号构成。其目的是引起人们对不安全因素、不安全环境的注意，预防事故的发生。在《安全标志》（GB 2894—2008）中，共规定了四大类（表1-1），即禁止（表1-2）、警告（表1-3）、指示（表1-4）和提示（表1-5）。

## 表 1-1 安全标志

| 图形 | 含义 | 图形 | 含义 |
|---|---|---|---|
| ⊘ | 禁止 | ○ | 指令 |
| △ | 警告 | ▭ | 提示 |

## 表 1-2 禁止标志

| | | | | |
|---|---|---|---|---|
| 禁止吸烟 | 禁止烟火 | 禁止带火种 | 禁止用火灭火 | 禁止放置易燃物 |
| 禁止堆放 | 禁止启动 | 禁止合闸 | 禁止转运 | 禁止叉车和厂内机动车辆通行 |
| 禁止乘人 | 禁止靠近 | 禁止入内 | 禁止推动 | 禁止停留 |
| 禁止通行 | 禁止跨越 | 禁止攀登 | 禁止跳下 | 禁止伸出窗外 |
| 禁止依靠 | 禁止坐卧 | 禁止蹬踏 | 禁止触摸 | 禁止伸入 |

（续表）

| | | | | |
|---|---|---|---|---|
|  禁止饮用 |  禁止抛物 |  禁止戴手套 |  禁止穿化纤服装 |  禁止穿带钉鞋 |
|  禁止开启无线移动通信设备 |  禁止携带金属物或手表 |  禁止佩戴心脏起搏器者靠近 |  禁止植入金属材料者靠近 |  禁止游泳 |
|  禁止滑冰 |  禁止携带武器及仿真武器 |  禁止携带托运易燃及易爆物品 |  禁止携带托运有毒物品及有害液体 |  禁止携带托运放射性及磁性物品 |

表1-3 警告标志

| | | | | |
|---|---|---|---|---|
|  注意安全 |  当心火灾 |  当心爆炸 |  当心腐蚀 |  当心中毒 |
|  当心感染 |  当心触电 |  当心电缆 |  当心自动启动 |  当心机械伤人 |
|  当心塌方 |  当心冒顶 |  当心坑洞 |  当心落物 |  当心吊物 |
|  当心碰头 |  当心挤压 |  当心烫伤 |  当心伤手 |  当心夹手 |

（续表）

| 当心扎脚 | 当心有犬 | 当心弧光 | 当心高温表面 | 当心低温 |
| --- | --- | --- | --- | --- |
| 当心磁场 | 当心电离辐射 | 当心裂变物质 | 当心激光 | 当心微波 |
| 当心叉车 | 当心车辆 | 当心火车 | 当心坠落 | 当心障碍物 |
| 当心跌落 | 当心滑倒 | 当心落水 | 当心缝隙 | — |

表 1-4　指示标志

| 必须戴防护眼镜 | 必须戴遮光护目镜 | 必须戴防尘口罩 | 必须戴防毒面具 | 必须戴护耳器 |
| --- | --- | --- | --- | --- |
| 必须戴安全帽 | 必须戴防护帽 | 必须系安全带 | 必须穿救生衣 | 必须穿防护服 |

表 1-5　提示标志

| 紧急出口 | | 避险处 | 应急避难场所 | 可动火区 |
| --- | --- | --- | --- | --- |

（续表）

|  |  |  |  | — |
|:---:|:---:|:---:|:---:|:---:|
| 击碎板面 | 急救点 | 应急电话 | 紧急医疗站 | |

# 第四节　施工测量和放线的方法

## 一、常用测量仪器的性能与应用

1. 钢尺

钢尺是采用经过一定处理的优质钢制成的带状尺，长度通常有 20m、30m 和 50m 等几种，卷放在金属架上或圆形盒内。钢尺按零点位置分为端点尺和刻线尺。

钢尺的主要作用是距离测量，钢尺量距是目前楼层测量放线最常用的距离测量方法。钢尺量距时应使用拉力计，拉力与检定时一致。距离丈量结果中应加入尺长、温度、倾斜等改正数。

2. 水准仪

水准仪是进行水准测量的主要仪器，主要功能是测量两点间的高差，它不能直接测量待定点的高程，但可由控制点的已知高程来推算测点的高程。另外，利用视距测量原理，它还可以测量两点间的大致水平距离。

我国的水准仪系列分为 DS05、DS1、DS3 等几个等级。"D"是大地测量仪器的代号，"S"是水准仪的代号，数字表示仪器的精度。其中，DS05 型和 DS1 型水准仪称为精密水准仪，用于国家一等、二等水准测量和其他精密水准测量；DS3 型水准仪称为普通水准仪，用于国家三等、四等水准测量和一般工程水准测量。

水准仪主要由望远镜、水准器和基座 3 个部分组成，使用时通常架设在脚架上进行测量。

水准测量的主要配套工具有水准尺、尺垫等。常用的水准尺主要有塔尺和双面水准尺 2 种。塔尺一般采用铝合金制成，能伸缩，携带方便，但结合处容易产生误差，其长度一般为 3m 或 5m。双面水准尺一般用优质木材制成，比较坚固不易变形，其长度一般为 3m。

3. 经纬仪

经纬仪是一种能进行水平角和竖直角测量的仪器，它还可以借助水准尺，利用视距测量原理，测出两点间的大致水平距离和高差，也可以进行点位的竖向传递测量。

经纬仪分光学经纬仪和电子经纬仪，主要区别在于角度值读取方式的不同，光学经纬仪采用读数光路来读取刻度盘上的角度值，电子经纬仪采用光敏元件来读取数字编码度盘上的角度值，并显示到屏幕上。随着技术的进步，目前普遍使用电子经纬仪。

在工程中常用的经纬仪有 DJ2 和 DJ6 2 种，"D" 是大地测量仪器的代号，"J" 是经纬仪的代号，数字表示仪器的精度。其中，DJ6 型进行普通等级测量，而 DJ2 型则可进行高等级测量工作。

经纬仪主要由照准部、水平度盘和基座 3 部分组成。

4. 激光铅直仪

激光铅直仪主要用来进行点位的竖向传递，如高层建筑施工中轴线点的竖向投测等。

激光铅直仪按技术指标分 1/4 万、1/10 万、1/20 万等几个级别，建筑施工测量一般采用 1/4 万精度激光铅直仪。

除激光铅直仪外，有的工程也采用激光经纬仪来进行点位的竖向传递测量。

5. 全站仪

全站仪又称全站型电子速测仪，是一种可以同时进行角度测量和距离测量的仪器，由电子测距仪、电子经纬仪和电子记录装置3部分组成。

全站仪具有操作方便、快捷、测量功能全等特点，使用全站仪测量时，在测站上安置好仪器后，除照准需人工操作外，其余操作可以自动完成，而且几乎是在同一时间测得平距、高差、点的坐标和高程。

全站仪带有数据传输接口，通过数据传输线把全站仪和电脑连接，配以专用测量软件，可以进行测量数据的实时处理，实现测量信息化和自动化。

**二、施工测量的内容与方法**

1. 施工测量的工作内容

各种工程在施工阶段所进行的测量工作称为施工测量。施工测量现场主要工作有，对已知长度的测设、已知角度的测设、建筑物细部点平面位置的测设、建筑物细部点高程位置及倾斜线的测设等。

一般建筑工程，通常先布设施工控制网，再以施工控制网为基础，开展建筑物轴线测量和细部放样等施工测量工作。

2. 施工控制网测量

（1）建筑物施工平面控制。建筑物施工平面控制网应根据建筑物的设计形式和特点布设，一般布设成矩形控制网。平面控制网的主要测量方法有直角坐标法、极坐标法、角度交会法、距离交会法等。随着全站仪的普及，一般采用极坐标法建立平面控制网。

（2）建筑物施工高程控制。建筑物高程控制应采用水准测量。主要建筑物附近的高程控制点，不应少于3个。高程控制点的高程值一般采用工程 ±0.000m 高程值。

±0.000m 高程测设是施工测量中常见的工作内容，一般用水准仪进行。

（3）结构施工测量。结构施工测量的主要内容包括：主轴线内控基准点的设置、施工层的放线与抄平、建筑物主轴线的竖向投测、施工层标高的竖向传递等。

建筑物主轴线的竖向投测，主要有外控法和内控法两类。多层建筑可采用外控法或内控法，高层建筑一般采用内控法。

采用外控法进行轴线竖向投测时，应将控制轴线引测至首层结构外立面上，作为各施工层主轴线竖向投测的基准。采用内控法进行轴线竖向投测时，应在首层或最底层底板上预埋钢板，画"+"字线，并在"+"字线中心钻孔，作为基准点，且在各层楼板对应位置预留 200mm×200mm 孔洞，以便传递轴线。

轴线竖向投测前，应检测基准点，确保其位置正确，投测的允许偏差为高度的 3/10 000。

标高的竖向传递，应用钢尺从首层起始标高线垂直量取，每栋建筑物至少应由 3 处分别向上传递。施工层抄平之前，应先检测 3 个传递标高点，当较差小于 3mm 时，以其平均点作为本层标高起测点。

# 第二章 建筑识图与房屋构造

## 第一节 建筑识图的基本知识

### 一、投影及投影分类

在日常生活中，我们经常看到影子这个自然现象。在光线（阳光或灯光）的照射下，物体就会在地面或墙面上投下影子。这些影子在某种程度上能够显示物体的形状和大小。如图 2-1（a）为物体模型在正午的阳光照射下在地面留下的影子，人们对这种自然现象的影子，进行科学的抽象：假设光线能够透过形体而将形体上的点和线都在平面 H 上投落它们的影，这些点和线的影将组成一个能够反映出形体形状的图形，如图 2-1（b），这个图形通常称为形体的投影。

这种对物体进行投影在投影面上产生图像的方法称为投影法。工程上常用各种投影法来绘制图样。

### 二、工程上常用的 3 种图示法

用图示法表达建筑形体时，由于表达目的和被表达对象特性的不同，往往需要采用不同的图示方法。常用的图示法有透视投影法、轴测投影法、正投影法。

1. 透视投影

图 2-2 是按中心投影法画出的形体的透视投影图，简称透视

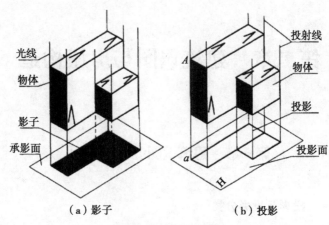

光线
物体
影子
承影面

投射线
物体
投影
投影面

$A$
$a$
$H$

（a）影子　　　　　　（b）投影

**图 2-1　影子与投影**

图。透视图与照相原理相似，相当于将相机放在投影中心所拍的照片一样，显得十分逼真，直观性很强，其图样常用作建筑设计方案比较、展览。但绘制较繁，且建筑物各部分的确切形状和大小不能直接在图中度量。

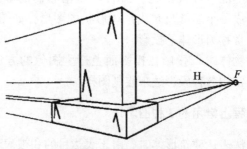

$H$　$F$

**图 2-2　形体的透视图**

2. 轴测投影

轴测投影是一种平行投影，它是把形体按平行投影法并选择适宜的方向投影到一个投影面上，能在一个投影面上反映出形体的长、宽、高 3 个尺寸，具有一定的立体感，但也不能完整地表达物体的形状，只能作为工程辅助图样，图 2-3 为形体的轴测投影图。

**图 2-3 形体的轴测图**

3. 正投影

投射线彼此平行；投射线与投影面互相垂直的画法称为正投影法，用这种方法画出的图形称为正投影。图 2-4 所示为形体的正投影图。正投影图的优点是作图较其他图示法简便，又便于度量、度量性好，工程上应用最广，但它缺乏立体感，需经过一定的训练才能看懂。

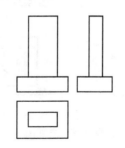

**图 2-4 形体的正投影图**

三、立面图

一幢房子坐北朝南，我们站在正南面（图 2-5），把看到的房子的形状画下来（好比拍照片），得到的就是房子的南立面图。再分别从北、东、西3个方向观察，可依次画出北立面、东立面和西立面图（图2-6）。

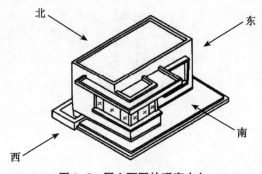

图2-5　画立面图的观察方向

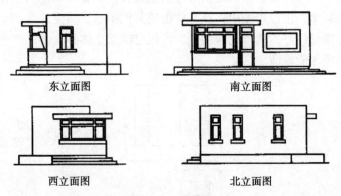

图2-6　立面图

四、平面图

为了看清房屋内部的一些情况，设想用一个水平的平面，沿窗台上方将房屋剖开，移去上面的这部分（图2-7），再把从上往下看到的形状画下来就是剖面图，但在建筑图中，习惯把这种水平方向的剖面图称为平面图（图2-8）。如果从房子的上方往下看，画下的是屋顶平面图（图2-9）。

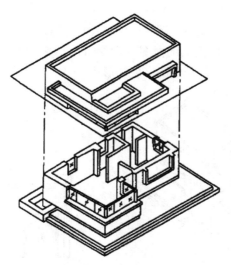

图2-7  平面图的形成

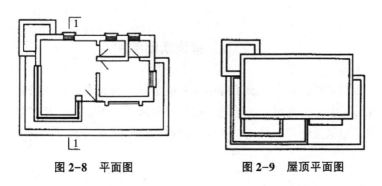

图2-8  平面图          图2-9  屋顶平面图

从平面图中可看到房屋内部房间的分隔、各房间的形状和大小，房间门窗的数量、位置和大小，墙身的厚度及内部设施的位置等。

### 五、剖面图

假想用一竖向剖切面在图 2-8 平面图中"1"所示位置将房屋切开,移去房屋的左部分(图 2-10),再从左往右观察,把看到的情况画下来就是剖面图(图 2-11)。在剖面图中可看出屋顶、雨篷、门窗、台阶的高度和形状。

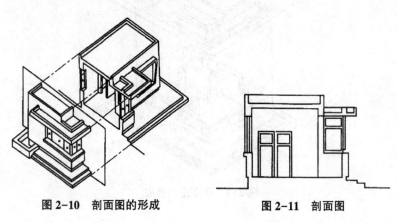

图 2-10　剖面图的形成　　　　　　图 2-11　剖面图

## 第二节　建筑常用图例

施工图就是在建筑工程中一种能十分准确地表达出建筑物的外形轮廓,大小尺寸,结构构造和材料做法的图样。一套完整的施工图包括建筑、结构、水电、暖通等。

### 一、施工图的内容

1. 建筑总平面图
主要说明拟建建筑物所在的地理位置和周围环境的平面布置

图。一般在图上应标出新建筑物的平面形状、层数、绝对标高，建筑物周围的地貌以及旧建筑平面形状，新旧建筑物的相对位置，建成后的道路、水源、电源、下水道干线的位置、地形等高线等。

2. 建筑施工图

建筑施工图是说明房屋建筑各层平面布置、立面、剖面形式、建筑各部构造及构造详图的图纸。建筑施工图包括设计说明、各层平面图、各立面图、剖面图、构造详图、材料做法说明等。

3. 结构施工图

结构施工图是说明房屋的结构构造类型、结构平面布置、构件尺寸、材料和施工要求等。结构施工图包括基础平面图和基础详图、各层结构平面布置图、结构构造详图、构件图等。

4. 暖卫施工图

暖卫施工图是一栋房屋建筑中卫生设备、给排水管道、暖气、煤气管道、通风管道等布置和构造图。暖卫施工图主要有平面布置图、轴测图、构造详图等。

5. 电气设备施工图

电气设备施工图是房屋建筑内部电气线路的走向和电气设备的施工图纸，它有平面布置图、系统图、详图等。

**二、常用图例**

施工图的画法主要是根据正投影原理和建筑制图标准（GB/T 50104—2001）以及建筑、结构、水电、设备等设计规范中有关规定而绘制成的。施工图中采用了很多图例与符号，使各类构造和材料的绘制得到了简化，熟悉常用建筑材料图例及常用构件代号，对正确、快速地识图非常有益，我们应很好地熟悉与掌握。表 2-1 为常用建筑材料图例；表 2-2 为总平面图图例。

砌筑工

### 表2-1　常用建筑材料图例

| 图例 | 名称与说明 | 图例 | 名称与说明 |
|---|---|---|---|
|  | 自然土壤 |  | 多孔材料：包括水泥珍珠岩、沥青珍珠岩、泡沫混凝土、非承重加气混凝土、软木、蛭石制品等 |
|  | 素土夯实 |  | 木材：左图为垫木、木砖或木龙骨，右图为横断面 |
|  | 左：砂、灰土，靠近轮廓线绘较密的点；右：粉刷材料，采用较稀的点 |  | 金属<br>(1) 包括各种金属；<br>(2) 图形较小时，可涂黑 |
|  | 普通砖<br>(1) 包括实心砖、多孔砖、砌块等砌体；<br>(2) 断面较窄、不易画出图例线时，可涂红 |  | 防水材料：构造层次多或比例大时，采用上面图例 |
|  | 上：混凝土；<br>下：钢筋混凝土；<br>注：(1) 在剖面图上画出钢筋时，不画图例线；<br>(2) 断面图形小，不易画出图例线时，可涂黑 |  | 饰面砖：包括铺地砖、马赛克、陶瓷锦砖、人造大理石等 |
|  |  |  | 石材 |

### 表2-2　总平面图图例

| 图例 | 名称与说明 | 图例 | 名称与说明 |
|---|---|---|---|
| 11 | 新建建筑物 |  | 原有建筑物 |
|  | 计划扩建的预留地或建筑物 |  | 拆除的建筑物 |

（续表）

| 图例 | 名称与说明 | 图例 | 名称与说明 |
|---|---|---|---|
| | 建筑物下面的通道 | | 散状材料露天堆场 |
| | 其他材料露天堆场或露天作业场 | | 铺砌场地 |
| | 敞棚或敞廊 | | 高架料仓 |
| | 漏斗式贮仓 | | 冷却塔（池） |
| | 水塔、贮罐 | | 水池、坑槽 |
| | 斜井或平洞 | | 烟囱 |

表 2-3 为常用构件代号。

表 2-3 常用构件代号

| 序号 | 名称 | 代号 | 序号 | 名称 | 代号 |
|---|---|---|---|---|---|
| 1 | 板 | B | 9 | 挡雨板或檐口板 | YB |
| 2 | 屋面板 | WB | 10 | 吊车安全走道板 | DB |
| 3 | 空心板 | KB | 11 | 墙板 | QB |
| 4 | 槽形板 | CB | 12 | 天沟板 | TGB |
| 5 | 折板 | ZB | 13 | 梁 | L |
| 6 | 密肋板 | MB | 14 | 屋面梁 | WL |
| 7 | 楼梯板 | TB | 15 | 吊车梁 | DL |
| 8 | 盖板或沟盖板 | GB | 16 | 单轨吊车梁 | DDL |

（续表）

| 序号 | 名称 | 代号 | 序号 | 名称 | 代号 |
|---|---|---|---|---|---|
| 17 | 轨道连接 | GDL | 36 | 构造柱 | GZ |
| 18 | 车挡 | CD | 37 | 承台 | CT |
| 19 | 圈梁 | QL | 38 | 设备基础 | SJ |
| 20 | 过梁 | GL | 39 | 桩 | ZH |
| 21 | 连系梁 | LL | 40 | 挡土墙 | DQ |
| 22 | 基础梁 | JL | 41 | 地沟 | DG |
| 23 | 楼梯梁 | TL | 42 | 柱间支撑 | ZC |
| 24 | 框架梁 | KL | 43 | 垂直支撑 | CC |
| 25 | 框支梁 | KZL | 44 | 水平支撑 | SC |
| 26 | 屋面框架梁 | WKL | 45 | 梯 | T |
| 27 | 檩条 | LT | 46 | 雨篷 | YP |
| 28 | 屋架 | WJ | 47 | 阳台 | YT |
| 29 | 托架 | TJ | 48 | 梁垫 | LD |
| 30 | 天窗架 | CJ | 49 | 预埋件 | M |
| 31 | 框架 | KJ | 50 | 天窗端壁 | TD |
| 32 | 刚架 | GJ | 51 | 钢筋网 | W |
| 33 | 支架 | ZJ | 52 | 钢筋骨架 | G |
| 34 | 柱 | Z | 53 | 基础 | J |
| 35 | 框架柱 4 | KZ | 54 | 暗柱 | AZ |

# 第三节　施工图的识读

## 一、读图的方法

当我们拿到一套施工图，必须认真研究读图的方法，一般是：先粗后细，从大到小，建筑结构，相互对照。

同时，看图还必须掌握扎实的基本功，即掌握正投影的原理，熟悉构造知识和施工方法，了解结构的基本概念，才能正确读图。

## 二、读图的步骤

### 1. 清理图纸

当我们拿到一套图后，首先工作是认真清理图纸，其方法是根据图纸目录清查总共多少张，各类图纸分别为多少张，有无残缺或模糊不清的，应及时查明原因补齐图纸。涉及本工程有哪些标准构件图和配件图，是否齐全应及时配齐，供看图时查阅。

### 2. 粗看一遍

认真清理图纸后，可先粗略地看一遍，一般按图纸目录的先后次序，依次进行阅读，其目的是对本工程建立一个基本概念，了解工程的概况。本工程修建地点，建筑物周围地形，地貌和相互关系，建筑形式，建筑面积，层数，结构情况，建筑的主要特点和关键部位，应在思想上建立一般工程的基本形象。

### 3. 对照阅读

当对本工程已有基本了解之后，可以进行深入细致的阅读，一般是先看建筑施工图，然后是结构施工图，再看水、电、暖通等施工图纸。阅读中特别注意对照阅读，找出规律，如平面图与立面图，平面图与剖面图对照起来，整体和详图对照起来，图形和文字说明对照起来，建筑和结构对照起来，等等。只有通过反复对照比较，才能深入找出问题和矛盾以及还不理解的东西。看图中还应记忆重要的构造和尺寸，如开间、进深、轴线、层高等，看图时，还可多与有关技术人员研究和分析。

### 4. 随看随记

在读图的整个过程中，应认真作好记录，也可用铅笔在图上打上记号，以便汇总。

**三、阅读建筑施工图的方法**

（1）看图名、比例、指北针和轴线编号。

（2）看外形、内部构造和结构形式，明确散水、雨水管、门窗、屋檐、台阶、阳台、烟囱等的形状及位置。

（3）看平面尺寸、标高及坡度。

（4）看剖切符号，明确剖切位置、形式。

（5）看索引符号。

**四、阅读结构施工图的方法**

（1）首先要查看说明，施工要求等。

（2）了解各种构件的代号及表示方法。

（3）查对楼层结构平面布置图与建筑平面图的关系是否正确，表示是否一致。

（4）看楼板的种类、型号、块数、梁的型号、位置及数量。

（5）查看板与墙的关系。

（6）查看各断面剖切位置与各断面图是否相符。

# 第四节　房屋构造

**一、建筑物**

建筑物是指供人们生活、学习、工作、居住以及从事生产和文化活动的房屋。建筑物按用途可分为工业建筑、民用建筑。

工业建筑，是指工业厂房、生产及辅助车间、产品仓库等（图 2-12）。

民用建筑，包括居住建筑（住宅、宿舍、公寓等）和公共建筑（办公楼、学校、旅社、影剧院、医院、体育馆、商场等）（图2-13），是供人们进行政治、经济、文化、科学技术交流活动等使用的建筑物。

图2-12　工业建筑　　　　图2-13　民用建筑

### 二、民用建筑构造

各种民用建筑，尽管它们在使用要求、规模大小、外表形状、构造方式等方面分别有着各自的特点，但建筑物的构成一般都是由基础、墙（或柱、梁）、楼（地）面、楼梯、屋顶和门窗六部分组成（图2-14）。

基础是建筑物的最下面部分，埋在自然地面以下，它起着支撑建筑物的作用，将建筑物的全部荷载传递给地基。因此，要求他坚固、稳定、持久。

楼板层将建筑物分隔成若干层，并且除了将楼板上的各种荷载传达到墙上或梁上外，还对墙体起水平支撑作用。楼板应具有足够的强度、刚度和良好的隔热性能。

地面位于建筑物的底层，它直接将底层房间的荷载传递到地基。

楼梯是建筑物各楼层之间上下的交通设施。供人们上下楼层和紧急疏散用。

外墙起抵御风、雨、雪的作用，隔热、隔声、保温、防火。

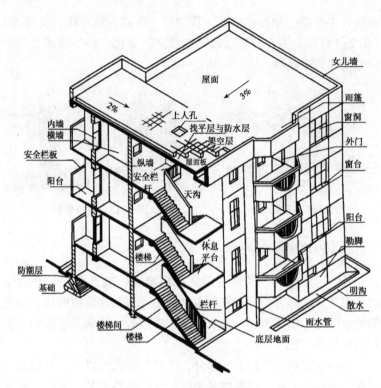

**图 2-14 房屋的构造组成**

内墙主要起分隔房间的作用，并有隔声、隔热、保温等性能。

屋顶是建筑物最上部结构，由屋面和承重结构两部分组成，屋面起着防水、保温（隔热）作用，承重结构承受屋顶上的全部荷载。

门主要是联系房间的内外交通；窗的作用是采光、通风；门窗在建筑中都起着分隔和围护作用。

### 三、单层工业厂房构造

工业建筑按层数可分为单层工业厂房和多层工业厂房。多层工业厂房的构造与民用建筑相似，下面介绍单层工业厂房的构造。

单层工业厂房是由承重结构和维护结构等组成。其主要由基础、柱子、吊车梁、屋盖系统、支撑系统和外墙围护系统六部分组成（图2-15）。

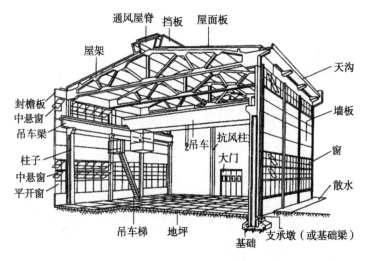

图2-15　单层工业厂房

（1）独立基础承担作用在柱子上的全部荷载以及基础梁上部分墙体荷载，并传递给地基。

（2）柱子承受着屋盖、吊车梁、墙体上的荷载。山墙上的风荷载通过抗风柱的顶端传给屋架，再由屋架分别传给柱子。

（3）支撑系统包括柱间支撑和屋架支撑两部分，其作用是加强厂房结构的整体刚度和稳定。

（4）吊车梁安放在柱子伸出的牛腿上，它承受吊车自重、起吊重量以及吊车刹车时产生的纵横向水平冲力，并将这些荷载传给柱子。

（5）屋盖结构包括屋面板、屋架（或屋面梁）及天窗架、托架等。屋架是屋盖结构中主要承重构件。它搁置在柱子上。

（6）外墙围护系统包括厂房四周的外墙，抗风柱、墙梁和基础梁。

# 第三章　砌筑材料和工具

## 第一节　砌筑工程常用材料

### 一、砖

砖是指砌筑用的人造小型块材，外形多为直角六面体，其长度不超过 365mm，宽度不超过 240mm，高度不超过 115mm。也有各种异形砖。

1. 烧结普通砖

烧结普通砖又称普通黏土砖、标准砖，是以黏土、页岩、煤矸石、粉煤灰为主要原料，经过焙烧而成的。

烧结普通砖的外形为矩形体，长 240mm、宽 115mm、厚 53mm。240mm×115mm 的面称为大面，240mm×53mm 的面称为条面，115mm×53mm 的面称为顶面。

烧结普通砖按其抗压强度及抗折强度分为 MU10、MU15、MU20、MU25、MU30 5 个强度等级。

2. 蒸压灰砂砖

蒸压灰砂砖是以石灰和砂为主要原料，经坯料制备、压蒸压灰砂砖外形为矩形体，长 240mm、宽 115mm、高 53mm。

蒸压灰砂砖按其抗压强度及抗折强度分为 MU10、MU15、MU20、MU25 4 个强度等级。MU15 以上的砖可用于基础及其他建筑部位。MU10 砖可用于防潮层以上的建筑部位。

3. 烧结多孔砖

烧结多孔砖是以黏土、页岩、煤矸石为主要原料，经焙烧而成，其孔洞率不小于 15%，孔的尺寸小而数量多。

烧结多孔砖的外形为直角六面体，有 M 形和 P 形 2 种。M 形多孔砖长 190mm、宽 190mm、高 90mm。P 形多孔砖长 240mm、宽 115mm、高 90mm。

烧结多孔砖按其抗压强度及抗折强度分为 MU30、MU25、MU20、MU15、MU10 5 个强度等级。

4. 烧结空心砖

烧结空心砖是以黏土、页岩、煤矸石为主要原料，经焙烧而成的。孔洞率不小于 15%，孔洞大而数量少。烧结空心砖主要用于非承重部位。

烧结空心砖的外形为直角六面体，在与砂浆的接合面上设有增加结合力的凹线槽，其深度为 1mm 以上。

烧结空心砖的长度、宽度、高度应符合下列要求。

（1）290mm，190（140）mm，90mm。

（2）240mm，180（175）mm，115mm。

烧结空心砖按大面、条面抗压强度分为 MU5、MU3、MU2 3 个强度等级；800、900、1 100 3 个密度级别。

5. 粉煤灰砖

粉煤灰砖是以粉煤灰、石灰为主要原料，掺加适量石膏和集料，经坯料制备、压制成型、高压或常压蒸汽养护而成。

粉煤灰砖外形为矩形体，长 240mm、宽 115mm、厚 53mm。

粉煤灰砖按抗压强度和抗折强度分为 MU20、MU15、MU10、MU7. 5 4 个强度等级。

## 二、石材

### 1. 石材分类

从天然岩层中开采而得的毛料石和经过加工成块状、板状的石料统称为石材。它质地坚固，可以加工成各种形状，既可作为承重结构使用，又可以作为装饰材料。

（1）毛料石。毛料石是由人工采用撬凿法和爆破法开采出来的不规格石块，一般要求在一个方向有较平整的面，中部厚度不小于150mm，每块毛石重20～30kg。在砌筑工程中一般用于基础、挡土墙、护坡、堤坝和墙体等。

（2）粗料石。粗料石亦称块石，形状比毛石整齐，具有较为规则的六个面，是经过粗加工而得的成品。在砌筑工程中用于基础、房屋勒脚和毛石砌体的转角部位或单独砌筑墙体。

（3）细料石。细料石是经过选择后，再经人工打凿和琢磨而成的成品。因其加工细度的不同，可分为一细、二细等。由于已经加工，形状方正，尺寸规格，因此，可用于砌筑较高级房屋的台阶、勒脚、墙体等，也可用作高级房屋饰面的镶贴。

### 2. 石材加工的质量要求

石材各面的加工要求，应符合表3-1的规定；石材加工的允许偏差应符合表3-2的规定。

表3-1　石材各面的加工要求

| 石材种类 | 外露面及相接周边的表面凹入深度（mm） | 叠砌面和接砌面的表面凹入深度（mm） |
|---|---|---|
| 细料石 | ≤2 | ≤10 |
| 粗料石 | ≤20 | ≤20 |
| 毛料石 | 稍加修整 | ≤25 |

注：相接周边的表面是指叠砌面、接砌面与外露面相接处20～30mm范围内的部分

表 3-2　石材加工允许偏差

| 石材种类 | 加工允许偏差（mm） | |
| --- | --- | --- |
| | 宽度、厚度 | 长　度 |
| 细料石 | ±3 | ±5 |
| 粗料石 | ±5 | ±7 |
| 毛料石 | ±10 | ±15 |

注：如设计有特殊要求，应按设计要求加工

3. 石材的技术性能

石材有抗冻性，要求经受 15 次、25 次或 50 次冻融循环，试件无贯穿裂缝，重量损失不超过 5%，强度降低不大于 25%，石材的性能见表 3-3。

表 3-3　石材的性能

| 石材名称 | 密度（kg/m³） | 抗压强度（MPa） |
| --- | --- | --- |
| 花岗岩 | 2 500~2 700 | 120~250 |
| 石灰岩 | 1 800~2 600 | 22~140 |
| 砂 岩 | 2 400~2 600 | 47~140 |

### 三、普通混凝土小型空心砌块

1. 等级

（1）按其尺寸偏差，外观质量分为：优等品（A）、一等品（B）、合格品（C）。

（2）按其强度等级分为：MU3.5、MU5.0、MU7.5、MU10.0、MU15.0、MU20.0。

（3）砌块各部位名称，如图 3-1 所示。

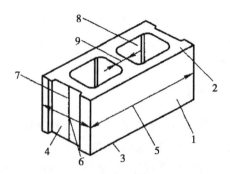

**图 3-1 砌块各部位的名称**

1. 条面；2. 坐浆面（肋厚较小的面）；3. 铺浆面（肋厚较大的面）；

4. 顶面；5. 长度；6. 宽度；7. 高度；8. 壁；9. 肋

### 2. 规格

（1）主规格尺寸为 390mm×190mm×190mm，其他规格尺寸可由供需双方协商。

（2）最小外壁厚应不小于 30mm，最小肋厚应不小于 25mm。

（3）空心率应不小于 25%。

### 四、蒸压加气混凝土砌块

蒸压加气混凝土砌块是以水泥、矿渣、砂、石灰等为原料，加入发气剂，经搅拌、成型、高压蒸汽养护而成。

加气混凝土砌块一般规格的公称尺寸有 2 个系列。

### 1. 长度 600mm

高度 200mm、250mm、300mm。

宽度 75mm、100mm、125mm、150mm、175mm、200mm、225mm（以 25mm 递增）……。

### 2. 长度 600mm

高度 240mm、300mm。

宽度 60mm、120mm、180mm、240mm（以 60mm 递增）……。

加气混凝土砌块按抗压强度分别有 MU1.0、MU2.5、MU3.5、MU5.0、MU7.5 5 个强度等级；按其容重分有 0.3、0.4、0.5、0.6、0.7、0.8 6 个容重级别。

### 五、粉煤灰砌块

粉煤灰砌块是以粉煤灰、石灰、石膏和集料等为原料，加水搅拌、振动成型、蒸汽养护而制成的。

粉煤灰砌块的主要规格尺寸为 880mm×380mm×240mm、880mm×430mm×240mm。砌块端面留灌浆槽，如图 3-2 所示。

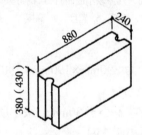

图 3-2　粉煤灰砌块（单位：mm）

粉煤灰砌块按其抗压强度分为 MU10、MU13 2 个强度等级。

### 六、砌筑砂浆

1. 砌筑砂浆作用与种类

（1）作用。砂浆是单个的砖块、石块或砌块组合成砌体的胶结材料，同时，又是填充块体之间缝隙的填充材料。由于砌体受力的不同和块体材料的不同，因此，要选择不同的砂浆进行砌筑。砌筑砂浆应具备一定的强度、黏结力和工作度（或叫流动性、稠度）。它在砌体中主要起 3 个作用。

①把各个块体胶结在一起，形成一个整体。

②当砂浆硬结后，可以均匀地传递荷载，保证砌体的整

体性。

③由于砂浆填满了砖石间的缝隙，对房屋起到保温的作用。

（2）种类。砌筑砂浆由集料、胶结料、掺和料和外加剂组成。

砌筑砂浆一般分为水泥砂浆、混合砂浆和石灰砂浆等。

①水泥砂浆：水泥砂浆是由水泥和砂子按一定比例混合搅拌而成，它可以配制强度较高的砂浆。水泥砂浆一般应用于基础、长期受水浸泡的地下室和承受较大外力的砌体。

②混合砂浆：混合砂浆一般由水泥、石灰膏、砂子拌和而成，一般用于地面以上的砌体。混合砂浆由于加入了石灰膏，改善了砂浆的和易性，操作起来比较方便，有利于砌体密实度和工效的提高。

③石灰砂浆：石灰砂浆是由石灰膏和砂子按一定比例搅拌而成的砂浆，完全靠石灰的气硬而获得强度，强度等级一般达到M0.4或M1.0。

④其他砂浆：

防水砂浆　在水泥砂浆中加入3%～5%的防水剂制成防水砂浆。防水砂浆应用于需要防水的砌体（如地下室墙、砖砌水池、化粪池等），也广泛用于房屋的防潮层。

嵌缝砂浆　一般使用水泥砂浆，也有用白灰砂浆的。其主要特点是砂子必须采用细砂或特细砂，以利于勾缝。

聚合物砂浆　掺入一定量高分子聚合物的砂浆，一般用于有特殊要求的砌筑物。

2. *砌筑砂浆材料*

砌筑砂浆用材料有水泥、砂子和塑化材料等。

（1）水泥。

①水泥的种类：常用的水泥有硅酸盐水泥（代号P·Ⅰ、P·Ⅱ）、普通硅酸盐水泥（简称普通水泥，代号P·O）、矿渣

硅酸盐水泥（简称矿渣水泥，代号 P·S）、火山灰质硅酸盐水泥（简称火山灰质水泥，代号 P·P）、粉煤灰硅酸盐水泥（简称粉煤灰水泥，代号 P·F）、复合硅酸盐水泥（代号 P·C）。此外，还有特殊功能的水泥，如高强、快硬、耐酸、耐热、耐膨胀等不同性质的水泥以及装饰用的白水泥等。

②水泥强度等级：水泥强度等级按规定龄期的抗压强度和抗折强度来划分，以 28 天龄期抗压强度为主要依据。根据水泥强度等级，将水泥分为 32.5、32.5R、42.5、42.5R、52.5、52.5R、62.5、62.5R 等几个等级。

③水泥的特性：水泥具有与水结合而硬化的特点，不但能在空气中硬化，还能在水中硬化，并继续增长强度，因此，水泥属于水硬性胶结材料。水泥经过初凝、终凝，随后产生明显强度，并逐渐发展成坚硬的人造石，这个过程称为水泥的硬化。

初凝时间不少于 45 分钟，终凝时间除硅酸盐水泥不得迟于 6.5 小时，其他均不多于 10 小时。

④水泥的保管：水泥属于水硬材料，必须妥善保管，不得淋雨受潮。储存时间一般不宜超过 3 个月，超过 3 个月的水泥（快硬硅酸盐水泥为 1 个月），必须重新取样送验，待确定强度等级后再使用。

（2）砂子。砂子是岩石风化后的产物，由不同粒径混合组成。按产地可分为山砂、河砂、海砂几种；按平均粒径可分为粗砂、中砂、细砂 3 种。粗砂平均粒径不小于 0.5mm，中砂平均粒径为 0.35~0.5mm，细砂平均粒径为 0.25~0.35mm，还有特细砂，其平均粒径为 0.25mm 以下。

对于水泥砂浆和强度等级不低于 M5 的水泥混合砂浆，含泥量不超过 5%；M5 以下的水泥混合砂浆的含泥量不超过 20%。对于含泥量较高的砂子，在使用前应过筛和用水冲洗干净。

砌筑砂浆以使用中砂为好，粗砂的砂浆和易性差，不便于操作；细砂的砂浆强度较低，一般用于勾缝。

（3）塑化材料。为改善砂浆和易性可采用塑化材料。施工中常用的塑化材料有石灰膏、电石膏、粉煤灰及外加剂等。

①石灰膏：生石灰经过熟化，用孔洞不大于 3mm×3mm 网滤渣后，储存在石灰池内，沉淀 14 天以上；磨细生石灰粉，其熟化时间不小于 1 天，经充分熟化后即成为可用的石灰膏。严禁使用脱水硬化的石灰膏。

②电石膏：电石原属工业废料，水化后形成青灰色乳浆，经过泌水和去渣后就可使用，其作用同石灰膏。电石应进行 20 分钟加热至 700℃检验，无乙炔气味时方可使用。

③粉煤灰：粉煤灰是电厂排出的废料，在砌筑砂浆中掺入一定量的粉煤灰，可以增加砂浆的和易性。粉煤灰有一定的活性，因此，能节约水泥，但塑化性不如石灰膏和电石膏。

④外加剂：外加剂在砌筑砂浆中起改善砂浆性能的作用，一般有塑化剂、抗冻剂、早强剂、防水剂等。

冬期施工时，为了增大砂浆的抗冻性，一般在砂浆中掺入抗冻剂。抗冻剂有亚硝酸钠、三乙醇胺、氯盐等多种，而最简便易行的则为氯化钠——食盐。掺入食盐可以降低拌和水的冰点，起到抗冻作用。

⑤拌和用水：拌和砂浆应采用自来水或天然洁净可供饮用的水，不得使用含有油脂类物质、糖类物质、酸性或碱性物质和经工业污染的水。拌和水的 pH 值应不小于 7，硫酸盐含量以 $SO_4^{2-}$ 计不得超过水重的 1%，海水因含有大量盐分，不能用作拌和水。

3. 砂浆的技术要求

（1）流动性。流动性也称为稠度，是指砂浆稀稠程度。

砂浆的流动性与砂浆的加水量、水泥用量、石灰膏用量、砂子的颗粒大小和形状、砂子的孔隙以及砂浆搅拌的时间等有关。对砂浆流动性的要求，可以因砌体种类、施工时大气温度和湿度等的不同而异。当砖浇水适当而气候干热时，稠度宜采用 8~10；当气候湿冷，或砖浇水过多及遇雨天，稠度宜采用 4~5；如砌筑毛石、块石等吸水率小的材料时，稠度宜采用 5~7。

（2）保水性。砂浆的保水性是指砂浆从搅拌机出料后到使用在砌体上，砂浆中的水和胶结料以及集料之间分离的快慢程度。分离快的保水性差，分离慢的保水性好。保水性与砂浆的组分配合、砂子的粗细程度和密实度等有关。一般说来，石灰砂浆的保水性比较好，混合砂浆次之，水泥砂浆较差。远距离的运输也容易引起砂浆的离析。同一种砂浆，稠度大的容易离析，保水性就差。所以，在砂浆中添加微沫剂是改善保水性的有效措施。

（3）强度。强度是砂浆的主要指标，其数值与砌体的强度有直接关系。砂浆强度是由砂浆试块的强度测定的。砂浆强度等级分为 M20、M15、M10、M7.5、M5、M2.5。

**4. 影响砂浆强度的因素**

（1）配合比。配合比是指砂浆中各种原材料的比例组合，一般由试验室提供。配合比应严格计量，要求每种材料均经过磅秤称量，才能进入搅拌机。

（2）原材料。原材料的各种技术性能必须经过试验室测试检定，不合格的材料不得使用。

（3）搅拌时间。砂浆必须经过充分的搅拌，使水泥、石灰膏、砂子等成为一个均匀的混合体。特别是水泥，如果搅拌不均匀，会明显影响砂浆的强度。

**5. 砌筑砂浆的拌制**

砌筑砂浆的拌制应按下述要求进行。

（1）原材料必须符合要求，而且具备完整的测试数据和书面材料。

（2）砂浆一般采用机械搅拌，如果采用人工搅拌时，宜将石灰膏先化成石灰浆，水泥和砂子拌和均匀后，加入石灰浆中，最后用水调整稠度，翻拌 3~4 遍，直至色泽均匀，稠度一致，没有疙瘩为合格。

（3）砂浆的配合比由实验室提供。

（4）砌筑砂浆拌制以后，应及时送到作业点，要做到随拌随用。一般应在 2 小时之内用完，气温低于 10℃延长至 3 小时，但气温达到冬期施工条件时，应按冬期施工的有关规定执行。

## 七、瓦

### 1. 黏土平瓦

黏土平瓦是用塑性较好的黏土加水搅拌压制成型，经过晾干，在窑中焙烧而成。与普通黏土砖相同，亦分有红瓦、青瓦。

（1）黏土平瓦常用尺寸为 400mm 长、240mm 宽、14mm 厚，每片瓦的干重约为 3kg。黏土平瓦的形状如图 3-3 所示。

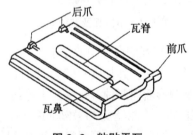

图 3-3　粘贴平瓦

（2）黏土平瓦的吸水率一般在 10%左右，如果吸水率过大，说明质地疏松，为欠火瓦，容易渗漏。

（3）黏土平瓦表面应光洁，无翘曲，也不应有变形、砂眼和贯穿的小裂缝。

（4）黏土平瓦放在距离 300mm 的 2 个支点上，瓦中间加重 60kg（即相当于一个中等成年人质量）不应断裂，并能抵抗 15 次冻融循环。

（5）一批瓦中不得混入欠火瓦（色泽不均匀，敲击无金属声的是欠火瓦），也不应有变形疏松和缺角等现象。

2. 小青瓦

（1）小青瓦俗称蝴蝶瓦、阴阳瓦和合瓦，是我国传统的屋面防水覆盖材料。小青瓦是以黏土为原料，搅拌后用模型压制成型，再风干后经过焙烧而制成。小青瓦应在窑顶洒入清水以制成青瓦，否则即为红瓦。其规格尺寸较多，长度为 170~200mm，宽度为 130~180mm，厚度为 10~15mm，与之配合的还有檐口盖瓦和檐口滴水瓦等，见图 3-4。

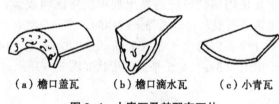

（a）檐口盖瓦　　（b）檐口滴水瓦　　（c）小青瓦

图 3-4　小青瓦及其配套瓦片

（2）脊瓦是与小青瓦配合使用的黏土瓦，专门用来铺盖屋脊。制作方法与黏土平瓦相同。其长度一般为 400mm，宽度为 250mm。有三角形断面和半圆形断面两种，每张瓦干重约 3kg。黏土脊瓦的抗折能力应不小于 70kg，能经受 15 次冻融循环，并不得有贯穿性裂缝和缺棱、掉角、翘曲、变形等现象，其形状见图 3-5。

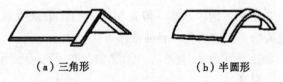

（a）三角形　　　　　　（b）半圆形

图 3-5　脊瓦

## 第二节 砌筑工程常用工具设备

### 一、手工工具

1. 砌筑工具

（1）大铲（图3-6）。以桃形居多，是"三一"砌筑法的关键工具，主要用于铲灰、铺灰和刮灰，也可用来调和砂浆。

图3-6 大铲

图3-7 瓦刀

（2）瓦刀（图3-7）。又称泥刀，用于涂抹、摊铺砂浆，砍削砖块，打灰条、发璇及铺瓦，也可用于校准砖块位置。

（3）刨锛（图3-8）。打砖或做小外向锤用。

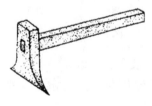

图3-8 刨锛

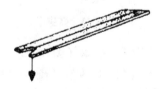

图3-9 托线板

（4）托线板（图3-9）。又称靠尺板，常见规格为1.2～1.5m，与线锤配合用于检查墙面的垂直、平整度。

（5）摊灰尺（图3-10）。用于摊铺砂浆。

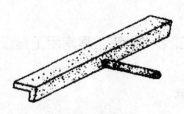

图 3-10　摊灰尺

2. 备料及其他工具

（1）砖夹子（图 3-11）。用来装卸砖块，避免对工人手指和手掌伤害，由施工单位用 φ16mm 的钢筋锻造制成，一次可夹 4 块标准砖。

（2）筛子（图 3-12）。用来筛砂，筛孔直径有 4mm、6mm、8mm 等数种。筛细砂可用铁纱窗钉在小木框上制成小筛。

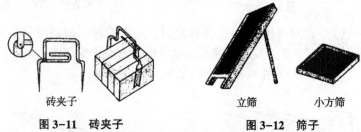

砖夹子　　　　　　　　　　　　立筛　　　　小方筛

图 3-11　砖夹子　　　　　　　图 3-12　筛子

（3）铁锹（图 3-13）。用来挖土、装车、筛砂。

（4）工具车（图 3-14）。用来运输砂浆和其他散装材料。轮轴宽度小于 900mm，以便于通过门槛。

（5）运砖车（图 3-15）。施工单位自制，用来运输砖块，可用于砖垛多次转运，以减少破损。

（6）砖笼（图 3-16）。用塔吊吊运时，罩在砖块外面的安全罩，施工时，在底板上先码好一定数量的砖，然后把砖笼套上并固定，再起吊到指定地点。如此周转使用。

图 3-13　铁锹

图 3-14　工具车

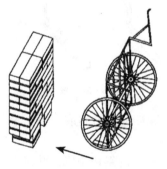

图 3-15　运砖车

图 3-16　砖笼

（7）料斗（图3-17）。塔吊施工时吊运砂浆的工具，当砂浆吊运到指定地点后，打开启闭口，将砂浆放入储灰槽内。

（8）灰槽（图3-18）。供砖瓦工存放砂浆用，用1~2mm厚的黑铁皮制成，适用于"三一砌法"。

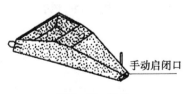

手动启闭口

图 3-17　料斗

图 3-18　灰槽

（9）灰桶（图3-19）。供短距离传递砂浆及瓦工临时储存砂浆，分木制、铁制、橡胶制3种，大小装10%～15%砂浆为宜，披灰法及摊尺法操作时用。

（10）溜子又称勾缝刀（图3-20）。用φ8mm钢筋打扁安木把或用0.5～1mm厚钢板制成，用于清水墙、毛石墙勾缝。

图3-19　灰桶　　　　　　　　图3-20　溜子

（11）托灰板（图3-21）。用不易变形的木材制成，用于承托砂浆。

（12）抿子（图3-22）用0.8～1mm厚的钢板制成，并铆上执手安装木柄，用于石墙拌缝勾缝。

图3-21　托灰板　　　　　　　图3-22　抿子

## 二、机械设备

### 1. 砂浆搅拌机

砂浆搅拌机是砌筑工程中的常用机械，用于制备砂浆。常用规格是0.2m$^3$和0.3m$^3$。

（1）砂浆搅拌机种类。砂浆搅拌机如图 3-23 和图 3-24 所示，种类见表 3-4。

（2）砂浆搅拌机型号及性能。砂浆搅拌机主要技术数据，见表 3-5。

表 3-4 砂浆搅拌机种类

| 机械名称 | 规格（L） | 台班产量（m³） | 用 途 |
|---|---|---|---|
| 砂浆搅拌机 | 200 和 325 | 18 和 26 | 砌筑工程量不大时，用于搅拌砌筑砂浆 |
| 混凝土搅拌机 | 200、400、500 | 24、40、50 | 工程量较大时的砌筑砂浆搅拌 |

表 3-5 砂浆搅拌机主要性能参数

| 技术指标 | | 型号 | | | | |
|---|---|---|---|---|---|---|
| | | HJ-200 | HJ1-200A | HJ1-200B | HJ-325 | 连续式 |
| 容量（L） | | 200 | 200 | 200 | 325 | |
| 搅拌叶片转速（r/分钟） | | 30~32 | 28~30 | 34 | 30 | 383 |
| 搅拌时间（m³/小时） | | 2 | | 2 | | |
| 生产率（m³/小时） | | | | 3 | 5 | 16 |
| 电动机 | 型号 | J02-42-4 | J02-41-6 | J02-32-4 | J02-32-4 | J02-32-4 |
| | 功率（kW） | 2.8 | 3 | 3 | 3 | 3 |
| | 转速（r/分钟） | 1 450 | 950 | 1 430 | 1 430 | 1 430 |
| 外形尺寸（mm） | 长 | 2 200 | 2 000 | 1 620 | 2 700 | 610 |
| | 宽 | 1 120 | 1 100 | 850 | 1 700 | 415 |
| | 高 | 1 430 | 1 100 | 1 050 | 1 350 | 760 |
| 重量（kg） | | 590 | 680 | 560 | 760 | 180 |

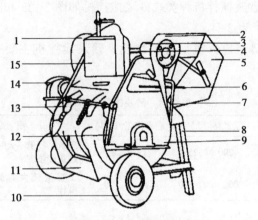

**图 3-23　砂浆搅拌机**

1. 离合器；2. 制动轮；3. 卷扬筒；4. 大轴；5. 进料斗；

6. 给水手柄；7. 明斗升降手柄；8. 机架；9. 拌筒（内装拌叶）；

10. 行走轮；11. 出料活门；12. 卸料手柄；13. 三通阀；

14. 电动机；15. 配水箱（量水器）

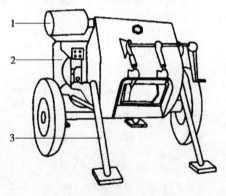

**图 3-24　混凝土搅拌机**

1. 电动机；2. 减速器；3. 支撑

2. 垂直运输设备

垂直运输设备的构造。

①井架（绞车架）：一般用钢管、型钢支设，并配置吊篮、天梁、卷扬机，形成垂直运输系统。井架基础一般要埋在一定厚度的混凝土底板内，底板中预埋螺栓，与井架底盘连接固定。井架的顶端、中井架底盘连接固定。井架的顶端、中部应按规定设置数道缆风绳，以保证井架的稳定，如图3-25所示。属多层建筑施工常用的垂直运输设备。

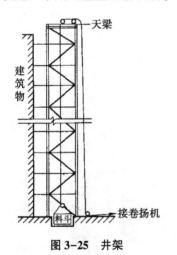

图3-25 井架

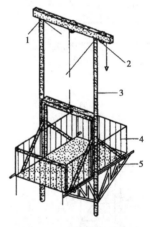

图3-26 钢管式龙门架图
1. 缆风绳；2. 起重索；3. 立管；
4. 吊篮；5. 停放吊篮支承架

②龙门架：由于龙门架的吊篮突出在立杆以外，所以要求吊篮周围必须设有护身栏，同时在立管上制作悬臂角钢支架，配上滚杠，作为吊篮到达使用层时临时搁放的安全装置，如图3-26所示。由2根立杆和横梁构成，立杆由角钢或φ200~250mm的钢管组成，配上吊篮用于材料的垂直运输。

③卷扬机：卷扬机按其运转速度可分为快速和慢速两种，快

速卷扬机又可分为单筒和双筒 2 种,为升降井架和龙门架上吊篮的动力装置。快速卷扬机钢丝绳的牵引速度为 25～50m/分钟慢速卷扬机为单筒式,钢丝绳的牵引速度为 7～13m/分钟。

④两井三笼井架:本身稳定性较好,竖立后可以与墙体结构连接支撑,具有可以取消缆风索的优点,如图 3-27 所示。是井架的一种组合方式,它是在 2 座相靠近的井架之间增设 1 个吊篮,使 2 座井架起到 3 座井架的作用。

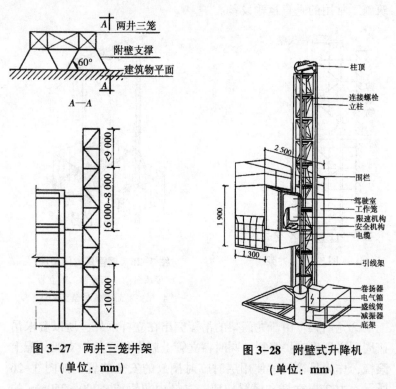

图 3-27　两井三笼井架
（单位：mm）

图 3-28　附壁式升降机
（单位：mm）

⑤附壁式升降机:又称附墙外用电梯,由垂直井架和导轨式外用拢式电梯组成,如图 3-28 所示,用于高层建筑的施工。该

设备除用于载运工具和物料外，还可乘人上下，架设安装比较方便，操作简单，使用安全。

⑥塔式起重机：塔式起重机俗称塔吊，它是由竖直塔身、起重臂、平衡臂、基座、平衡座、卷扬机及电器设备组成的较庞大的机器。能回转360°并具有较高的起重高度，可形成一个很大的工作空间，是垂直运输机械中工作效能较好的设备。塔式起重机有固定和行走式2类。

3. 砌块施工机械

（1）台灵架。由起重拉杆、支架、底盘和卷扬机等部件所组成，有矩形和正方形2种形状。主要用于起吊和安装砌块，它可以自行制作，常用的台灵架构造如图3-29所示。

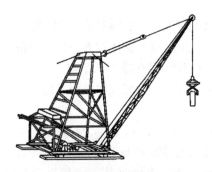

图3-29　台灵架

（2）木桅杆低层建筑工程的砌块安装，可采用木桅杆，但需加强安全措施，注意安全操作，并系牢缆风绳。

三、检测工具

（1）钢卷尺（图3-30）。砌筑工操作宜选用2m的钢卷尺。钢卷尺应选用有生产许可证的厂家生产的。钢卷尺主要用来量测轴线尺寸、位置及墙长、墙厚，还有门窗洞口的尺寸、留洞位置尺寸，等等。

（2）托线板和线锤（图3-31）。又称靠尺板，用于检查墙面垂直和平整度。由施工单位用木材自制，长1.2~1.5m；也有铝制商品，线锤吊挂测垂直度用，主要与托线板配合使用。

（3）塞尺（图3-32）。塞尺与托线板配合使用，以测定墙、柱的垂直、平整度的偏差。塞尺上每一格表示厚度方向为1mm。

图3-30　钢卷尺　　　图3-31　托线板和线锤　　　图3-32　塞尺

（4）水平尺和准线（图3-33）。用铁和铝合金制成，中间镶嵌玻璃水准管，用来检查砌体对水平位置的偏差。准线是指砌墙时拉的细线。一般使用直径为0.5~1mm的小白线、麻线、尼龙线或弦线，用于砌体砌筑时拉水平用；另外，也可用来检查水平缝的平直度。

（5）百格网（图3-34）。用于检查砌体水平缝砂浆饱满度的工具。可用钢丝编制锡焊而成，也有在有机玻璃上划格而成，其规格为一块标准砖的大面尺寸。将其长度方向各分成10格，画成100个小格，故称百格网。

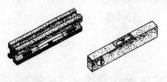
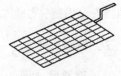

图3-33　水平尺和准线　　　　　图3-34　百格网

（6）方尺（图3-35）。用木材制成边长为200mm的90°角尺，有阴角和阳角2种，分别用于检查砌体转角的方整程度。

（7）龙门板（图3-36）。龙门板是在房屋定位放线后，砌筑时定轴线、中心线的标准。施工定位时一般要求板顶面的高程即为建筑物的相对标高±0.000。在板上划出轴线位置，以画"中"字示意，板顶面还要钉一根20~25mm长的钉子。

图3-35 方尺

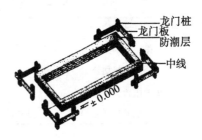

图3-36 龙门板

（8）皮数杆（图3-37）。皮数杆是砌筑砌体在高度方向的基数。皮数杆分为基础用和地上用2种。

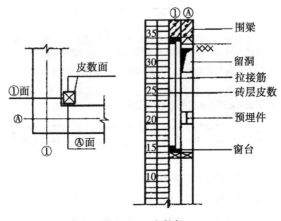

图3-37 皮数杆

### 四、脚手架

**1. 脚手架的种类**

脚手架的种类划分，见表 3-6。

表 3-6　脚手架的种类

| 划分依据 | 种　类 |
| --- | --- |
| 按用途划分 | 分砌墙脚手架和装饰脚手架 |
| 按使用材料划分 | 木脚手架、竹脚手架和金属脚手架 |
| 按使用场所划分 | 外脚手架、里脚手架 |
| 按构造形式划分 | 分立杆式、框式、吊挂式、悬挑式、工具式 |

**2. 脚手架的使用要点**

脚手架的使用要点，见表 3-7。

表 3-7　脚手架的使用要点

| 项　目 | 操作要点 |
| --- | --- |
| 搭设拆除 | 由专业架子工搭设，未经验收检查的不能使用。使用中未经专业搭设负责人同意，不得随意自搭飞跳或自行拆除某些杆件 |
| 安全设施 | 所设的各类安全设施，如安全网、安全围护栏杆等不得任意拆除 |
| 搭设要求 | 当墙身砌筑高度超过地坪 1.2m 时，应由架子工搭设脚手架。一层以上或 4m 以上高度时应架设安全网 |
| 堆砖堆料 | 架子上砌筑时的允许堆料荷载应不超过 2 700N/m$^2$ 堆砖不能超过 3 层，砖要顶头朝外码放。灰斗和其他的材料应分散放置，以保证使用安全 |
| 上下方法 | 上下脚手架应走斜道或梯子，不准翻爬脚手架 |
| 清除霜雪 | 脚手架上有霜雪时，应清扫干净后方准砌墙操作 |
| 检查加固 | 大雨或大风后要仔细检查整个脚手架，发现沉降、变形、偏斜应立即报告，经纠正加固后方准使用 |

# 第四章　常用的砌筑方法

## 第一节　"三一"砌砖法

"三一"砌砖法又称铲灰挤砌法，其基本操作是"一铲灰、一块砖、一揉压"。

### 一、步法

操作时，人应顺墙体斜站，左脚在前离墙 150mm 左右，右脚在后距墙及左脚跟 300~400mm。砌筑方向是由前往后退着走，以便可以随时检查已砌好的砖墙是否平直。砌完 3~4 块砖后，左脚后退一大步（700~800mm），右脚后退半步，人斜对墙面可砌筑约 500mm，砌完后左脚后退半步，右脚后退一步，恢复到开始砌砖时位置，如图 4-1 所示。

### 二、铲灰取砖

铲灰时，应先用铲底摊平砂浆表面，便于掌握吃灰量，然后用手腕横向转动来铲灰，减少手臂动作，取灰量要根据灰缝厚度，以满足一块砖的需要量为准。取砖时，应随拿砖随挑选好下块砖。左手拿砖，右手铲砂浆，要同时拿起来，以减少弯腰次数，争取砌筑时间。

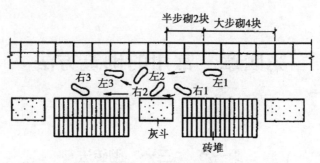

图 4-1 "三一" 砌砖法的步法

## 三、铺灰

铺灰可用方形大铲或桃形大铲。方形大铲的形状、尺寸与砖面的铺灰面积相似。铺灰动作可分为甩、溜、丢、扣等。砌顺砖时，当墙砌得不高且距操作处较远，一般采用溜灰方法铺灰；当墙砌得较高且近身砌砖，常用扣灰方法铺灰；此外，还可采用甩灰方法铺灰，图 4-2 所示。砌丁砖时，当墙砌得较高且近身砌砖，常用丢灰方法铺灰；其他情况下，还经常采用扣灰方法铺灰，如图 4-3 所示。

图 4-2 砌顺砖时铺灰

不论采用哪种铺灰动作，都要求铺出的灰条要近似砖的外形，长度比一块砖稍长 10~20mm，宽 80~90mm，灰条距墙外面约 20mm，并与前一块砖的灰条相接。

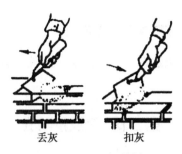

丢灰　　　　　扣灰

图 4-3　砌丁砖时铺灰

## 四、揉砖

左手拿砖在已砌好的砖前 30~40mm 处开始平放摊挤，并用手轻揉。揉砖时，眼要上边看线，下边看墙皮，左手中指随即同时伸下，摸一下上、下砖棱是否齐平。砌好一块砖后，随即用铲将挤出的砂浆刮回，放在竖缝中或投入灰斗内。揉砖的目的主要是使砂浆饱满。铺在砖面上的砂浆如果较薄，揉的劲要小些；砂浆较厚时，揉的劲要大一些，并且根据已铺砂浆的位置要前后揉或左右揉。总之，以揉到"下齐砖棱，上齐线"为适宜，要做到平齐、轻放、轻揉，如图 4-4 所示。

图 4-4　揉砖

### 五、"三一"砌砖法适合砌筑部位

"三一"砌砖法适合于砌窗间墙、砖柱、砖垛、烟囱等较短的部位。

# 第二节　铺灰挤砌法

铺灰挤砌法是用铺灰工具铺好一段砂浆，然后进行挤浆砌砖的操作方法。

铺灰工具可采用灰勺、大铲或瓢式铺灰器等。挤浆砌砖可分双手挤浆和单手挤浆 2 种方法。

### 一、双手挤浆法

#### 1. 步法

操作时，人将靠墙的一只脚站定，脚尖稍偏向墙边，另一只脚向斜前方踏出 400mm 左右（随着砌砖动作灵活移动），使两脚很自然地站成"T"字形。身体离墙约 70mm，胸部略向外倾斜。这样，转身拿砖、挤砌和看棱角都灵活方便。操作者总是沿着砌筑方向前进，每前进一步能砌 2 块顺砖长。

#### 2. 铺灰

用灰勺时，每铺 1 次砂浆用瓦刀摊平。用灰勺、大铲或瓦刀铺砂浆时，应力求砂浆平整，防止出现沟槽空隙，砂浆铺得应比墙厚稍窄，形成缩口灰。

#### 3. 拿砖

拿砖时，要先看好砖的方位及大小面，转身踏出半步拿砖，先动靠墙这只手，另一只手跟着上去（有时两手同时取砖）。拿砖后退回成"T"字形，身体转向墙身；选好砖的棱角和掌握好砖的正面，即进行挤浆。

## 4. 挤砌

由靠墙的一只手先挤砌，另一只手迅速跟着挤砌。如砌丁砖，当手上拿的砖与墙上原砌的砖相距 50~60mm 时，把砖的一侧抬起约 40mm，将砖插入砂浆中，随即将砖放平，手掌不要用力挤压，只需依靠砖的倾斜自坠力压住砂浆，平推前进。如砌顺砖，当手上拿的砖与墙上原砌的砖相距约 130mm 时，把砖的一头抬起约 40mm，将砖插入砂浆中，随即将砖放平，手掌不要用力挤压，只需依靠砖的倾斜自坠力压住砂浆，平推前进。若竖缝过大，可用手掌稍加压力，将灰缝压实至 10mm 为止。然后看准砖面，如有不平，用手掌加压，使砖块平整；由于顺砖长，因而要特别注意砖块下齐边、上平线，以防墙面产生凹进凸出和高低不平现象，如图 4-5 所示。

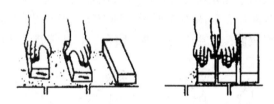

**图 4-5　双手挤浆砌丁砖**

## 二、单手挤浆法

### 1. 步法

操作时，人要沿着砌筑方向退着走，左手拿砖，右手拿瓦刀（或大铲）。操作前按双手挤浆的站立姿势站好，但要离墙面稍远一点。

### 2. 铺灰、拿砖

动作要点与双手挤浆相同。

### 3. 挤砌

动作要点与双手挤浆相同，如图 4-6 所示。

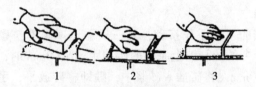

图 4-6　单手挤浆砌顺砖

### 三、铺灰挤砌法

铺灰挤砌法适合于砌筑混水和清水长墙。

## 第三节　满刀灰刮浆法

满刀灰刮浆法是用瓦刀铲起砂浆刮在砖面上，再进行砌筑。刮浆一般分四步，如图 4-7 所示。满刀灰刮浆法砌筑质量较好，但生产效率较低，仅用于砌砖拱、窗台、炉灶等特殊部位。

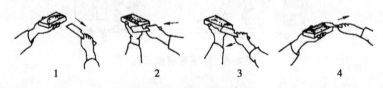

图 4-7　满刀灰刮浆法

## 第四节　"二三八一"砌筑法

"二三八一"砌筑法，是一种比较科学的砌砖方法，它包括了瓦工在砌砖过程中人体的各个部位的运动规律。其中，"二"指 2 种步法，即丁字步和并列步；"三"指 3 种弯腰身法，即侧身弯腰、丁字步弯腰和正弯腰；"八"指 8 种铺浆手法，即砌顺砖时用甩、扣、泼和溜 4 种手法，砌丁砖时用扣、溜、泼和一带二4种手法；"一"指一种挤浆动作，即先挤浆揉砖，后刮余浆。

## 一、步法

### 1. 丁字步

砌筑时，操作者背向砌筑的前进方向，站成丁字步，边砌边后退靠近灰槽。这种方法也称"拉槽"砌法。

### 2. 并列步

操作者砌到近身墙体时，将前腿后移半步成并列步面向墙体，又可以完成500mm墙体的砌筑。砌完后将后腿移至另一灰槽近处，进而又站成丁字步，恢复前一砌筑过程的步法。

丁字步和并列步循环往复，使砌砖动作有节奏地进行。

## 二、身法

### 1. 侧身弯腰

铲灰、拿砖时用侧身弯腰动作，身体重心在后腿，利用后腿微弯、肩斜、手臂下垂使铲灰的手很快伸入灰槽内铲取砂浆，同时，另一手完成拿砖动作。

### 2. 正弯腰

当砌筑部位离身体较近时，操作者前腿后撤半步由侧身弯腰转身成并列步正弯腰动作，完成铺灰和挤浆动作，身体重心还原。

### 3. 丁字步弯腰

当砌筑部位离身体较远时，操作者由侧身弯腰转身成丁字步弯腰，将后腿伸直，身体重心移至前腿，完成铺灰和挤浆动作。

砌筑身法应随砌筑部位的变化配合步法进行有节奏的交替变换，使动作不仅连贯，而且可以减轻腰部的劳动强度。

## 三、铺灰手法

1. 砌顺砖的 4 种铺灰手法是"甩、扣、泼和溜"

（1）甩。当砌筑离身体较远且砌筑面较低的墙体部位时，铲取均匀条状砂浆，大铲提升到砌筑位置，铲面转成 90°，顺砖面中心甩出，使砂浆呈条状均匀落下，用手腕向上扭动配合手臂的上挑力来完成。

（2）扣。当砌筑离身体较近且砌筑面较高的墙体部位时，铲取均匀条状砂浆，反铲扣出灰条，铲面运动轨迹正好与"甩"相反，是手心向下折回动作，用手臂前推力扣落砂浆。

（3）泼。当砌筑离身体较近及身体后部的墙体部位时，铲取扁平状均匀的灰条，提升到砌筑面时将铲面翻转，手柄在前平行推进泼出灰条。动作比"甩"和"扣"简单，熟练后可用手腕转动成"半泼半甩"动作，代替手臂平推。"半泼半甩"动作范围小，适用于快速砌砖。泼灰铺出灰条成扁平状，灰条厚度为15mm，挤浆时放砖平稳，比"甩"灰条挤浆省力；也可采用"远甩近泼"，特别在砌到墙体的尽端，身体不能后退时，可将手臂伸向后部用"泼"的手法完成铺灰。

（4）溜。当砌角砖时，铲取扁平状均匀的灰条，将大铲送到墙角，抽铲落灰，使砌角砖减少落地灰。

2. 砌丁砖的 4 种铺灰手法是"扣、溜、泼和一带二"

（1）扣。当砌一砖半的里丁砖时，铲取灰条前部略低，扣出灰条外口略高，这样挤浆后灰口外侧容易挤严，扣灰后伴以刮虚尖动作，使外口竖缝挤满灰浆。

（2）溜。当砌丁砖时，铲取扁平状灰条，灰铲前部略高，铺灰时手臂伸过准线，铲边比齐墙边，抽铲落灰，使外口竖缝挤满灰浆。

（3）泼。当用里脚手砌外清水墙的丁砖时，铲取扁平状灰条，泼灰时落灰点向里移动 20mm，挤浆后形成内凹 10mm 左右的缩口缝，可省去刮舌头灰和减少划缝工作量。

（4）一带二。当砌丁砖时，由于碰头缝的面积比顺砖的大一倍，这样容易使外口竖缝不密实。以前操作者先在灰槽处抹上碰头灰，然后再铲取砂浆转身铺灰，每砌一块砖，就要做两次铲灰动作，而且增加了弯腰的时间。如果把抹碰头灰和铺灰两个动作合二为一，在铺灰时，将砖的丁头伸入落灰处，接打碰头灰，使铺灰和打碰头灰同时完成。用一个动作代替 2 个动作，故称为"一带二"。

以上 8 种铺灰手法，要求落灰点准，铺出灰条均匀 1 次成形，从而减少铺灰后再做摊平砂浆等多余动作。

### 四、挤浆

挤浆时，应将砖面满上灰条 2/3 处，挤浆平推，将高出灰缝厚度的砂浆推挤入竖缝内。挤浆时应有个"揉砖"的动作。这样，砌顺砖时，竖缝灰浆基本上可以挤满；砌丁砖时，能挤满 2/3 的高度，剩余部分由砌上皮砖时通过挤揉可使砂浆挤入竖缝内。挤揉动作，可使平缝、竖缝都充满砂浆，不仅提高砖块之间的黏结力，而且极大地提高墙体的抗剪强度。

砌砖是一项具有技巧性的体力劳动，它涉及操作者手、眼、身、腰、步 5 个方面的活动。采用复合肌肉活动，消除多余动作，是用力合理又简单易学的砌砖方法。

# 第五章　砖的砌筑

## 第一节　砖砌体组砌方法

### 一、组砌的原则

**1. 砌体必须错缝**

砖砌体是由一块一块的砖，利用砂浆作为填缝和黏结材料，组砌成的墙体和柱子。为了使砌体搭接牢固、受力性能好，避免砌体出现连续的垂直通缝，砌体必须上下错缝，内外搭砌，并要求砖块最少应错缝 1/4 砖长，且不小于 60mm。方法是在墙体两端采用"七分头""二寸条"来调整错缝，且丁砖、顺砖排列有序。"七分头""二寸条"如图 5-1 所示，砖砌体的错缝如图 5-2 所示。

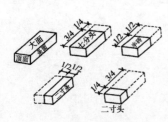

图 5-1　破成不同尺寸的砖

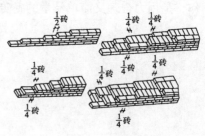

图 5-2　错缝

2. 墙体连接要成整体

（1）斜槎的留设方法。方法是在墙体连接处将待接砌墙的槎口砌成台阶形式，其高度一般不大于 1.2m（一步架），其水平投影长度不少于高度的 2/3，如图 5-3 所示。

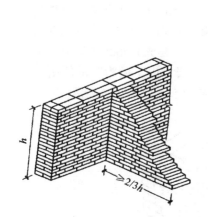

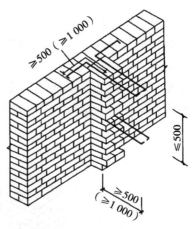

图 5-3　实心砖斜槎留设方法　　图 5-4　实心砖直槎留设方法
（单位：mm）

（2）直槎的留设方法。直槎的留设方法是每隔一皮砌出墙外 1/4 砖，作为接槎之用，并且沿高度每隔 500mm 加 2 根 φ6 拉结钢筋。拉结钢筋伸入墙内均不宜小于 50cm，对抗震烈度 6 度、7 度的地区，不应小于 100cm；末端应有 90°弯钩，如图 5-4 所示。

（3）控制水平灰缝的厚度。砌体水平方向的缝叫卧缝或水平缝。砌体水平灰缝厚度规定最大为 8～12mm，一般为 10mm。灰缝太厚，会使砌体的压缩变形过大，砌上去的砖会发生滑移，对墙体的稳定性不利；太薄则不能保证砂浆的饱满度和均匀性，对墙体的黏结、整体性产生不利影响。砌筑时，在墙体两端和中部架设皮数杆，拉通线来控制水平灰缝厚度。同时，要求砂浆的饱满程度应不低于80%。

## 二、普通砖砌体组砌方法

### 1. 一顺一丁组砌法

分为十字缝组砌法与骑马缝组砌法两种。十字缝组砌法是由一皮顺砖与一皮丁砖相互交替组砌而成。上下皮的竖缝相互错开1/4砖，如图5-5所示。骑马缝组砌法是先将角部2块七分头砖准确定位，其后隔层摆一丁砖，再按"山丁檐跑"的原则依次摆好砖。一顺一丁墙的大角砌法如图5-6和图5-7所示。

图5-5 一顺一丁

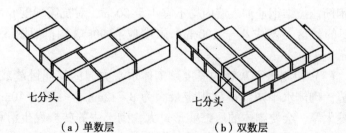

（a）单数层　　　　　　（b）双数层

图5-6 一顺一丁墙大角砌法（一砖墙）

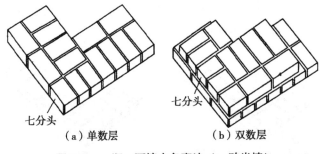

（a）单数层　　　　　　（b）双数层

**图 5-7　一顺一丁墙大角砌法（一砖半墙）**

### 2. 梅花丁组砌法

在同一皮砖内一块顺砖一块丁砖间隔砌筑，上下皮间竖缝错开 1/4 砖，丁砖必须在条砖的中间，如图 5-8 所示。该种砌法内外竖缝每皮都能错开搭接，故墙的整体性好，墙面较平整，竖缝易对齐，特别是当砖的长、宽比例有差异时，竖缝易控制。但因丁、顺砖交替砌筑，操作时易搞错、较费工，其抗压强度也不如"三顺一丁"好。

**图 5-8　梅花丁**

**图 5-9　三顺一丁**

### 3. 三顺一丁组砌法

由三皮顺砖一皮丁砖相互交替组砌而成。上下顺砖竖缝相互错开 1/2 砖长，上下丁砖与顺砖竖缝相互错开 1/4 砖长。檐墙与山墙的丁砖层不在同一皮，以利于错缝搭接。在头角处的丁砖层常采用"内七分头"调整错缝搭接，如图 5-9 所示；三顺一丁大角砌法，如图 5-10 所示。

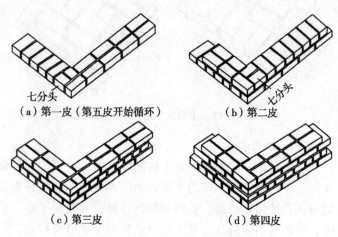

（a）第一皮（第五皮开始循环）　　　　（b）第二皮

（c）第三皮　　　　　　　　（d）第四皮

**图 5-10　三顺一丁大角砌法**

### 三、矩形砖柱的组砌法

一般常见的砖柱尺寸有 240mm×240mm、370mm×370mm、490mm×490mm、370mm×490mm 和 490mm×620mm。其组砌时柱面上下各皮砖的竖缝至少错开 1/4 砖，柱心不得有通缝，不允许采用"包心组砌法"。对于砖柱，除了与砖墙相同的要求以外，应尽量选用整砖砌筑。每工作班的砌筑高度不宜超过 1.8m，柱面上不得留设脚手眼，如果是成排的砖柱，必须拉通线砌筑，以防发生扭转和错位。矩形砖柱的正确砌法，如图 5-11 所示；矩形砖柱的错误砌法，如图 5-12 所示。

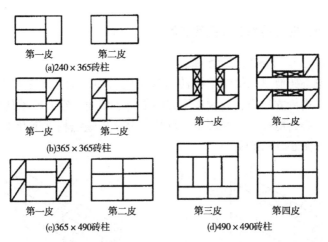

图 5-11　矩形砖柱的正确砌法（单位：mm）

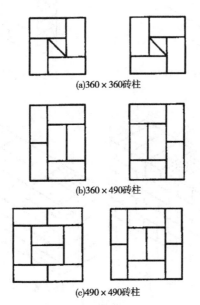

图 5-12　矩形砖柱的错误砌法（单位：mm）

### 四、空心砖墙和多孔砖墙的组砌方法

#### 1. 空心砖墙组砌的方法

空心砖墙是用烧结空心砖与砂浆砌筑而成的非承重填充墙。一般采用侧立砌筑，孔洞水平方向平行于墙面，空心砖墙的厚度等于实心砖的厚度，采用全顺砌法，上下皮竖缝相互错开 1/2 砖长，如图 5-13 所示。

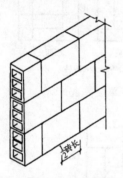

图 5-13　空心砖墙砌筑

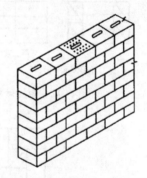

图 5-14　代号 M 多孔砖砌筑

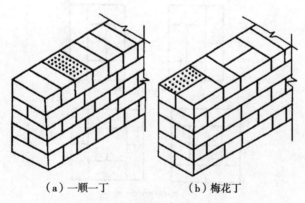

（a）一顺一丁　　　　（b）梅花丁

图 5-15　代号 P 多孔砖砌筑

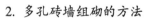

2. 多孔砖墙组砌的方法

多孔砖墙是用烧结多孔砖与砂浆砌筑而成的承重墙。代号为 M 的多孔砖（规格为 190mm×190mm×90mm）一般采用全顺砌法，上下皮竖缝错开 1/2 砖长，如图 5-14 所示。代号为 P 的多孔砖（规格为 240mm×115mm×90mm），其砌法有一顺一丁和梅花丁两种，如图 5-15 所示。

# 第二节　烧结普通砖砌体砌筑

## 一、砖基础砌筑

### 1. 砖基础构造

普通砖基础由墙基和大放脚两部分组成。墙基与墙身同厚。大放脚即墙基下面的扩大部分，有等高式和不等高式 2 种。等高式大放脚是两皮一收，每收 1 次两边各收进 1/4 砖长；不等高式大放脚是两皮一收与一皮一收相间隔，每收 1 次两边各收进 1/4 砖长，如图 5-16 所示。

大放脚的底宽应根据设计而定。大放脚各皮的宽度应为半砖长的整倍数（包括灰缝）。

大放脚下面为基础垫层，垫层一般采用灰土、碎砖三合土或混凝土等构筑。

在墙基顶面应设防潮层，防潮层宜用 1∶2.5（质量比）水泥砂浆加适量的防水剂铺设，其厚度一般为 20mm，位置在底层室内地面以下一皮砖处，即离底层室内地面下 60mm 处。

### 2. 施工准备

（1）砖基础工程所用的材料应有产品的合格证书、产品性能检测报告。砖、水泥、外加剂等尚应有材料主要性能的进场复验报告。严禁使用国家或本地区明令淘汰的材料。

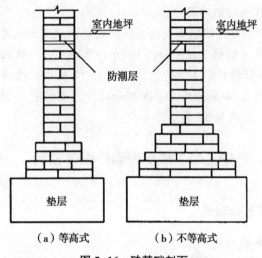

（a）等高式　　　（b）不等高式

**图 5-16　砖基础剖面**

（2）基槽或基础垫层已完成，并验收合格，办完隐检手续。

（3）置龙门板或龙门桩，标出建筑物的主要轴线，标出基础及墙身轴线及标高，并弹出基础轴线和边线；立好皮数杆（间距为 15~20m，转角处均应设立），办完预检手续。

（4）根据皮数杆最下面一层砖的标高，拉线检查基础垫层、表面标高是否合适，如第一层砖的水平灰缝大于 20mm 时，应用细石混凝土找平，不得用砂浆或在砂浆中掺细砖或碎石处理。

（5）常温施工时，砌砖前 1 天应将砖浇水湿润，砖以水浸入表面下 10~20mm 深为宜；雨天作业不得使用含水率饱和状态的砖。

（6）砌筑部位的灰渣、杂物应清除干净，基层浇水湿润。

（7）砂浆配合比已经试验室根据实际材料确定。准备好砂浆试模。应按试验确定的砂浆配合比拌制砂浆，并搅拌均匀。常温下拌好的砂浆应在拌和后 3~4 小时用完；当气温超过 30℃ 时，应在 2~3 小时用完。严禁使用过夜砂浆。

（8）基槽安全防护已完成，无积水，并通过了质检员的验收。

（9）脚手架应随砌随搭设。运输通道通畅，各类机具应准备就绪。

（10）砌筑基础前，应校核放线尺寸，允许偏差应符合下表的规定。

表　放线尺寸的允许偏差

| 长度L、宽B（m） | 为许偏差（mm） | 长度L、宽B（m） | 允许偏差（mm） |
|---|---|---|---|
| L（或B）≤30 | ±5 | 60<L（或B）≤90 | ±15 |
| 30<L（或B）≤30 | ±10 | L（或B）>90 | ±20 |

（11）基底标高不同时，应从低处砌起，并应由高处向低处搭砌。当设计无要求时，搭接长度不应小于基础扩大部分的高度。

（12）基础的转角处和交接处应同时砌筑。当不能同时砌筑时，应按规定留槎、接槎。

3. 基础弹线

在基槽四角各相对龙门板的轴线标钉上拴上白线挂紧，沿白线挂线锤，找出白线在垫层面上的投影点，把各投影点连接起来，即基础的轴线。按基础图所示尺寸，用钢尺向两侧量出各道基础底部大脚的边线，在垫层上弹上墨线。如果基础下没有垫层，无法弹线，可将中线或基础边线用大钉子钉在槽沟边或基底上，以便挂线。

4. 设置基础皮数杆

基础皮数杆应设在基础转角（图5-17）、内外墙基础交接处及高低踏步处。基础皮数杆上应标明大放脚的皮数、退台、基础的底标高、顶标高以及防潮层的位置等。如果相差不大，可在大放脚砌筑过程中逐皮调整，灰缝可适当加厚或减薄（俗称提灰或杀灰），但要注意在调整中防止砖错层。

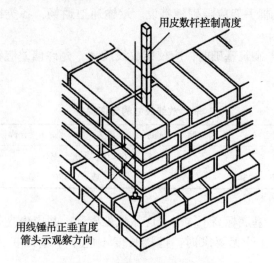

**图5-17　基础皮数杆设置示意**

5. 排砖撂底

砌筑基础大放脚时，可根据垫层上弹好的基础线按"退台压丁"的方法先进行摆砖撂底。具体方法是根据基底尺寸边线和已确定的组砌方式及不同的砂浆，用砖在基底的一段长度上干摆一层。摆砖时应考虑竖缝的宽度，并按"退台压丁"的原则进行，上、下皮砖错缝达1/4砖长，在转角处用"七分头"来调整搭接，避免立缝重缝。摆完后应经复核无误才能正式砌筑。为了砌筑时有规律可循，必须先在转角处将角盘起，再以两端转角为标准拉准线，并按准线逐皮砌筑。当大放脚返台到实墙后，再按墙的组砌方法砌筑。排砖撂底工作的好坏，影响到整个基础的砌筑质量，必须严肃认真地做好。

常见撂底排砖方法，有六皮三收等高式大放脚（图5-18）

和六皮四收间隔式大放脚（图5-19）。

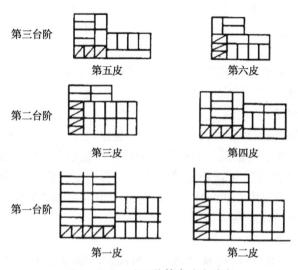

**图 5-18　六皮三收等高式大放脚**

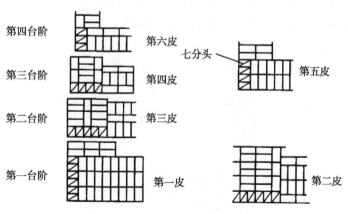

**图 5-19　六皮四收间隔式大放脚**

### 6. 盘角

即在房屋的转角、大角处立皮数杆砌好墙角。每次盘角高度不得超过五皮砖，并需用线锤检查垂直度和用皮数杆检查其标高有无偏差。如有偏差时，应在砌筑大放脚的操作过程中逐皮进行调整（俗称提灰缝或刹灰缝）。在调整中，应防止砖错层，即要避免"螺丝墙"情况。

### 7. 收台阶

基础大放脚每次收台阶必须用尺量准尺寸，其中部的砌筑应以大角处准线为依据，不能用目测或砖块比量，以免出现误差。在收台阶完成后和砌基础墙之前，应利用龙门板的"中心钉"拉线检查墙身中心线，并用红铅笔将"中"字画在基础墙侧面，以便随时检查复核。

### 8. 砌筑要点

（1）内外墙的砖基础均应同时砌筑。如因特殊原因不能同时砌筑时，应留设斜槎（踏步槎），斜槎长度不应小于斜槎的高度。基础底标高不同时，应由低处砌起，并由高处向低处搭接；如设计无具体要求时，其搭接长度不应小于大放脚的高度，如图5-20所示。

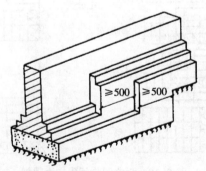

图 5-20  砖基础高低接头处砌法（单位：mm）

（2）在基础墙的顶部、首层室内地面（±0.000）以下一皮砖处（-0.006m），应设置防潮层。如设计无具体要求，防潮层宜采用1：2.5的水泥砂浆加适量的防水剂经机械搅拌均匀后铺设，其厚度为20mm。抗震设防地区的建筑物，严禁使用防水卷材做基础墙顶部的水平防潮层。

建筑物首层室内地面以下部分的结构为建筑物的基础，但为了施工的方便，砖基础一般均只做到防潮层。

（3）基础大放脚的最下一皮砖及每个大放脚台阶的上表层砖，均应采用横放丁砌砖所占比例最多的排砖法砌筑。此时不必考虑外立面上下一顺一丁相间隔的要求，以便增强基础大放脚的抗剪强度。基础防潮层下的顶皮砖也应采用丁砌为主的排砖法。

（4）砖基础水平灰缝和竖缝宽度应控制在8~12mm，水平灰缝的砂浆饱满度用百格网检查不得小于80%。砖基础中的洞口、管道、沟槽和预埋件等，砌筑时应留出或预埋，宽度超过300mm的洞口应设置过梁。

（5）基底宽度为二砖半的大放脚转角处、十字交接处的组砌方法，如图5-21、图5-22所示。T字交接处的组砌方法可参照十字接头处的组砌方法，即将图中竖向直通墙基础的一端（例如，下端）截断，改用七分头砖作端头砖即可。有时为了正好放下七分头砖，需将原直通墙的排砖图上错半砖长。

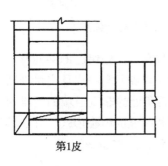

第1皮

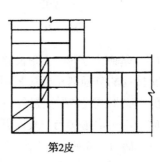

第2皮

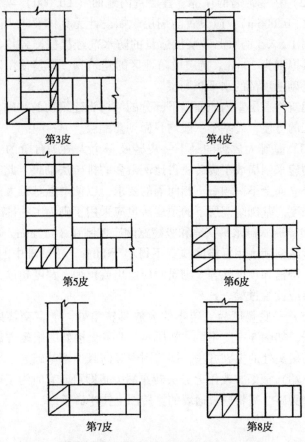

第3皮 　　　　　　　　　第4皮

第5皮 　　　　　　　　　第6皮

第7皮 　　　　　　　　　第8皮

图 5-21　二砖半大放脚转角砌法

（6）基础十字形、T形交接处和转角处组砌的共同特点：是穿过交接处的直通墙基础应采用一皮砌通与一皮从交接处断开相间隔的组砌形式；T形交接处、转角处的非直通墙的基础与交接处也应采用一皮搭接与一皮断开相间隔的组砌形式，并在其端头加七分头砖（3/4砖长，实长应为 177~178mm）。

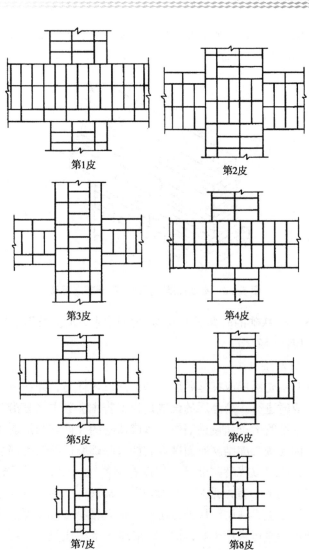

第1皮

第2皮

第3皮

第4皮

第5皮

第6皮

第7皮

第8皮

图 5-22　二砖半大放脚十字交接处砌法

（7）砖基础底标高不同时，应从低处砌起，并应由高处向低处搭砌，当设计无要求时，搭砌长度不应小于砖基础大放脚的高度，如图 5-23 所示。

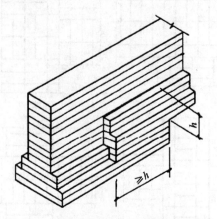

图 5-23　基底标高不同时，砖基础的搭砌

（8）砖基础的转角处和交接处应同时砌筑，当不能同时砌筑时，应留置斜槎。

9. 防潮层施工

抹基础防潮层应在基础墙全部砌到设计标高，并在室内回填土已完成时进行。防潮层的设置是为了防止土壤中水分沿基础墙中砖的毛细管上升而侵蚀墙体，造成墙身的表面抹灰层脱落，甚至墙身因受潮、冻结膨胀而破坏。如果基础墙顶部有钢筋混凝土地圈梁，则可以代替防潮层；如没有地圈梁，则必须做防潮层，即在砖基础上，室内地坪±0.000 以下 60mm 处设置防潮层，以防止地下水上升。防潮层的做法，一般是铺抹 20mm 厚的防水砂浆。防水砂浆可采用 1∶2 水泥砂浆加入水泥质量 3%～5% 的防水剂搅拌而成。如使用防水粉，应先把粉剂和水搅拌成均匀的稠浆再添加到砂浆中去，不允许用砌墙砂浆加防水剂来抹防潮层；也可浇筑 60mm 厚的细石混凝土防潮层。对防水要求高的，可再在砂浆层上铺油毡，但在抗震设防地区不能用。抹防潮层时，应先在基础墙顶的侧面抄出水平标高线，然后用直尺夹在基础墙两侧，尺面按水平标高线找准，然后摊铺防水砂浆，待初凝后再用木抹子收压一遍，做到平实且表面拉毛。

10. **注意事项**

（1）沉降缝两边的基础墙按要求分开砌筑，两侧的墙要垂直，缝的大小上下要一致，不能贴在一起或者搭砌，缝中不得落入砂浆或碎砖。先砌的一边墙应把舌头灰刮清，后砌的一边墙的灰缝应缩进砖口，避免砂浆堵住沉降缝，影响自由沉降。为避免缝内掉入砂浆，可在缝中间塞上木板，随砌筑随将木板上提。

（2）基础的埋置深度不等高呈踏步状时，砌砖时应先从低处砌起，不允许先砌上面后砌下面。在高低台阶接头处，下面台阶要砌长不小于50cm的实砌体，砌到上面后与上面的砖一起退台。

（3）基础预留孔必须在砌筑时留出，位置要准确，不得事后凿基础。

（4）灰缝要饱满，每次收砌退台时应用稀砂浆灌缝，使立缝密实，以抵御水的侵蚀。

（5）基础墙砌完，经验收后进行回填，回填时应在墙的两侧同时进行，以免单面填土使基础墙在土压力下变形。

**二、砖墙砌筑**

1. **实心砖墙组砌方式**

实心墙体一般采用一顺一丁（满丁满条）、梅花丁或三顺一丁砌法，如图5-24所示。代号M多孔砖的砌筑形式只有全顺，每皮均为顺砖，其抓孔平行于墙面，上下皮竖缝相互错开1/2砖长，如图5-25所示。

代号P的多孔砖有一顺一丁及梅花丁两种砌筑形式，一顺一

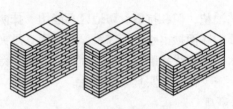

图 5-24　砖墙组砌方式

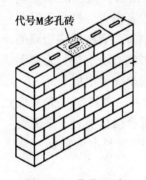

图 5-25　代号 M 多
孔砖砌筑形式

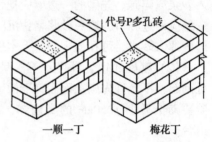

图 5-26　代号 P 多孔砖砌筑形式

丁是一皮顺砖与一皮丁砖相隔砌成，上下皮竖缝相互错开 1/4 砖长；梅花丁是每皮中顺砖与丁砖相隔，丁砖坐中于顺砖，上下皮竖缝相互错开 1/4 砖长，如图 5-26 所示。

2. 实心砖墙体组砌方法

组砌形式确定后，组砌方法也随之而定。采用一顺一丁形式砌筑的砖墙的组砌方法，如图 5-27 所示，其余组砌方法依次类推。

3. 找平并弹墙身线

砌墙之前，应将基础防潮层或楼面上的灰砂泥土、杂物等清除干净，并用水泥砂浆或豆石混凝土找平，使各段砖墙底部标高符合设计要求。找平时，需使上下两层外墙之间不致出现明显的接缝。随后开始弹墙身线。

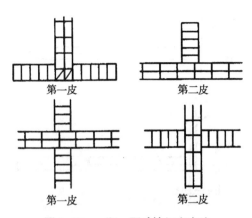

**图 5-27　一顺一丁砖墙组砌方法**

　　弹线的方法。根据基础四角各相对龙门板，在轴线标钉上拴上白线挂紧，拉出纵横墙的中心线或边线，投到基础顶面上，用墨斗将墙身线弹到墙基上。内间隔墙如没有龙门板时，可自外墙轴线相交处作为起点，用钢尺量出各内墙的轴线位置和墙身宽度，并根据图样画出门窗口位置线。墙基线弹好后，按图样要求复核建筑物长度、宽度、各轴线间尺寸。经复核无误后，即可作为底层墙砌筑的标准。

　　如在楼房中，楼板铺设后要在楼板上弹线定位。弹墙身线的方法，如图 5-28 所示。

　　4. 立皮数杆并检查核对

　　砌墙前应先立好皮数杆，皮数杆一般应立在墙的转角、内外墙交接处以及楼梯间等突出部位，其间距不应太长，以 15m 以内为宜，如图 5-29 所示。

　　皮数杆钉于木桩上，皮数杆下面的±0.000 线与木桩上所抄测的±0.000 线要对齐，都在同一水平线上。所有皮数杆应逐个检查是否垂直，标高是否准确，在同一道墙上的皮数杆是否在同一平面内。核对所有皮数杆上砖的层数是否一致，每皮厚度是否

砌筑工

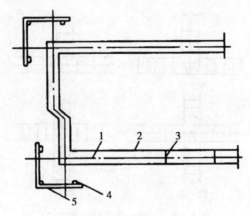

**图 5-28　弹墙身线**

1. 轴线；2. 内墙边线；3. 窗口位置线；4. 龙门桩；5. 龙门板

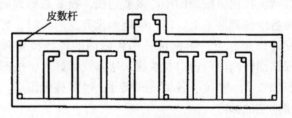

**图 5-29　皮数杆设立设置**

一致，对照图样核对窗台、门窗过梁、雨篷、楼板等标高位置，
核对无误后方可砌砖。

5. **排砖摆底**

在砌砖前，要根据已确定的砖墙组砌方式进行排砖摆底，使
砖的垒砌合乎错缝搭接要求，确定砌筑所需要块数，以保证墙身
砌筑竖缝均匀适度，尽可能做到少砍砖。排砖时应根据进场砖的
实际长度尺寸的平均值来确定竖缝的大小。

一般外墙第一层砖摆底时，两山墙排丁砖，前后檐纵墙排条
砖。根据弹好的门窗洞口位置线，认真核对窗间墙、垛尺寸，其

长度是否符合排砖模数；如不符合模数时，可将门窗口的位置左右移动。若有破活，七分头或丁砖应排在窗口中间、附墙垛或其他不明显的部位。移动门窗口位置时，应注意暖卫立管安装及门窗开启时不受影响。另外，在排砖时还要考虑在门窗口上边的砖墙合拢时也不出现破活。所以，排砖时必须做全盘考虑，前后檐墙排第一皮砖时，要考虑甩窗口后砌条砖，窗角上必须是七分头才好砌。

6. 立门窗框

一般门窗有木门窗、铝合金门窗和钢门窗、彩板门窗、塑钢门窗等。门窗安装方法有"先立口"和"后塞口"2种方法。对于木门窗一般采用"先立口"方法，即先立门框或窗框，再砌墙。亦可采用"后塞口"方法，即先砌墙，后安门窗。对于金属门窗一般采用"后塞口"方法。对于先立框的门窗洞口砌筑，必须与框相距10mm左右砌筑，不要与木框挤紧，造成门框或窗框变形。后立木框的洞口，应按尺寸线砌筑。根据洞口高度在洞口两侧墙中设置防腐木拉砖（一般用冷底子油浸一下或涂刷即可）。洞口高度2m以内，两侧各放置3块木拉砖，放置部位距洞口上、下边4皮砖，中间木砖均匀分布，即原则上木砖间距为1m左右。木拉砖宜做成燕尾状，并且小头在外，这样不易拉脱。不过，还应注意木拉砖在洞口侧面位置是居中、偏内还是偏外。对于金属等门窗则按图埋入铁件或采用紧固件等，其间距一般不宜超过600mm，离上、下洞口边各三皮砖左右。洞口上、下边同样设置铁件或紧固件。

7. 盘角挂线

砌砖前应先盘角，每次盘角不要超过五层，新盘的大角，及时进行吊、靠。如有偏差，要及时修整。盘角时要仔细对照皮数杆的砖层和标高，控制好灰缝大小，使水平灰缝均匀一致。大角盘好后再复查1次，平整和垂直完全符合要求后，再挂线砌墙。

砌筑一砖半墙必须双面挂线，如果长墙几个人均使用一根通线，中间应设几个支线点。小线要拉紧，每层砖都要穿线看平，使水平缝均匀一致，平直通顺。挂线时要把高出的障碍物去掉，中间塌腰的地方要垫一块砖，俗称腰线砖，如图 5-30 所示。垫腰线砖应注意准线不能向上拱起。经检查平直无误后即可砌砖。

每砌完一皮砖后，由两端把大角的人逐皮往上起线。

此外还有一种挂线法。不用坠砖而将准线挂在两侧墙的立线上，俗称挂立线，一般用于砌间墙。将立线的上下两端拴在钉入纵墙水平缝的钉子上并拉紧，如图 5-31 所示。根据挂好的立线拉水平准线，水平准线的两端要由立线的里侧往外拴，两端拴的水平缝线要同纵墙缝一致，不得错层。

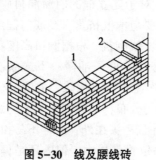

图 5-30　线及腰线砖
1. 小线；2. 腰线砖

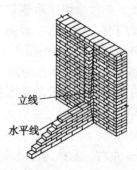

图 5-31　挂立线

**8. 墙体砌砖要点**

（1）砌砖要点。

①砌砖宜采用一铁锹灰、一块砖、一挤揉的"三一"砌砖法，即满铺、满挤操作法。砌砖时砖要放平。里手高，墙面就要张；里手低，墙面就要背。

②砌砖一定要跟线，"上跟线，下跟棱，左右相邻要对平"。

③水平灰缝厚度和竖向灰缝宽度一般为 10mm，且不应小于 8mm，也不应大于 12mm。

④为保证清水墙面主缝垂直，不游丁走缝，当砌完一步架高时，宜每隔 2m 水平间距，在丁砖立楞位置弹两道垂直立线，可以分段控制游丁走缝。

⑤在操作过程中，要认真进行自检，如出现偏差，应随时纠正，严禁事后砸墙。

⑥清水墙不允许有三分头，不得在上部任意变活、乱缝。

⑦砌筑砂浆应随搅拌随使用，一般水泥砂浆必须在 3 小时内用完，水泥混合砂浆必须在 4 小时内用完，不得使用过夜砂浆。

⑧砌清水墙应随砌随划缝，划缝深度为 8~10mm，深浅一致，墙面清扫干净。混水墙应随砌随将舌头灰刮尽。

（2）墙体砌法。

①门窗洞口、窗间墙砌法：当墙砌到窗台标高以后，在开始往上砌筑窗间墙时，应对立好的窗框进行检查。察看窗框安立的位置是否正确，高低是否一致，立口是否在一条直线上，进出是否一致，立的是否垂直等。如果窗框是后塞口的，应按图样在墙上画出分口线，留置窗洞。

砌窗间墙时，应拉通线同时砌筑。门窗两边的墙宜对称砌筑，靠窗框两边的墙砌砖时要注意丁顺咬合，避免通缝。并应经常检查门窗口里角和外角是否垂直。

当门窗立上时，砌窗间墙不要把砖紧贴着门窗口，应留出 3mm 的缝隙，免得门窗框受挤变形。在砌墙时，应将门窗框上下走头砌入卡紧，将门窗框固定。

当塞口时，按要求位置在两边墙上砌入防腐木砖，一般窗高不超过 1.2m 的，每边放两块，各距上下边都为 3~4 皮砖。木砖应事先做防腐处理。木砖埋砌时，应小头在外，这样不易拉脱。如果采用钢窗，则按要求位置预先留好洞口，以备镶固铁件。

当窗间墙砌到门窗上口时，应超出窗框上皮 10mm 左右，以防止安装过梁后下沉压框。

安装完过梁以后，拉通线砌长墙。墙砌到楼板支承处，为使墙体受力均匀，楼板下的一皮砖应为丁砖层，如楼板下的一皮砖赶上顺砖层时，应改砌成丁砖层。此时，则出现2层丁砖，俗称重丁。一层楼砌完后，所有砖墙标高应在同一水平。

②留槎：外墙转角处应同时砌筑。内外墙交接处必须留斜槎，槎子长度不应小于墙体高度的2/3，槎子必须平直、通顺。分段位置应在变形缝或门窗口转角处，隔墙与墙或柱不同时砌筑时，可留阳槎加预埋拉结筋。沿墙高按设计要求每 50cm 预埋 φ6mm 钢筋 2 根，其埋入长度从墙的留槎处算起，一般每边均不小于 50cm，末端应加 90°弯钩。施工洞口也应按以上要求留水平拉结筋。隔墙顶应用立砖斜砌挤紧。

③木砖预留孔洞和墙体拉结筋：木砖预埋时应小头在外，大头在内，数量按洞口高度决定。洞口高在 1.2m 以内，每边放 2 块；高 1.2~2m，每边放 3 块；高 2~3m，每边放 4 块。预埋木砖的部位一般在洞口上边或下边四皮砖，中间均匀分布。木砖要提前做好防腐处理。钢门窗安装的预留孔、硬架支模、暖卫管道，均应按设计要求预留，不得事后剔凿。墙体拉结筋的位置、规格、数量、间距均应按设计要求留置，不应错放、漏放。

④构造柱边做法：凡设有构造柱的工程，在砌砖前，先根据设计图纸将构造柱位置进行弹线，并把构造柱插筋处理顺直。砌砖墙时，与构造柱连接处砌成马牙槎。每一马牙槎高度不宜超过 300mm，凸出宽度为 60mm。沿墙高每 500mm 设置 2 根 φ6mm 的水平拉结钢筋，拉结钢筋每边伸入砖墙内不宜小于 1m，如图 5-32 所示。

砌筑砖墙时，马牙槎应先退后进，以保证构造柱脚处为大断面。砌筑过程中按规定间距放置水平拉结钢筋。当砖墙上门窗洞

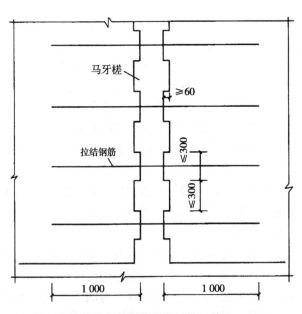

图 5-32　拉结钢筋布置及马牙槎（单位：mm）

边到构造柱边（即墙马牙槎外齿边）的长度小于 1.0m 时，拉结钢筋则伸至洞边止。

砌墙时，应在各层构造柱底部（圈梁面上）以及该层二次浇灌段的下端位置留出 2 皮砖洞眼，供清除模板内杂物用。清除完毕立即封闭洞眼。砖墙灰缝的砂浆必须密实饱满，水平灰缝砂浆饱满度不得低于 80%。

⑤窗台：当墙砌到接近窗洞口标高时，如果窗台是用顶砖挑出，则在窗洞口下皮开始砌窗台；如果窗台是用侧砖挑出，则在窗洞口下两皮开始砌窗台。砌之前按图样把窗洞口位置在砖墙面上划出分口线，砌砖时砖应砌过分口线 60～120mm，挑出墙面 60mm，出檐砖的立缝要打碰头灰。

窗台砌虎头砖时，先把窗台两边的两块虎头砖砌上，用一根小线挂在它的下皮砖外角上，线的两端固定，作为砌虎头砖的准线。挂线后把窗台的宽度量好，算出需要的砖数和灰缝的大小。虎头砖向外砌成斜坡，在窗口处的墙上砂浆应铺得厚一些，一般里面比外面高出 20~30mm，以利泄水。操作方法是把灰打在砖中间，四边留 10mm 左右，一块一块地砌。砖要充分润湿，灰浆要饱满。如为清水窗台时，砖要认真进行挑选。

如果几个窗口连在一起通长砌，其操作方法与上述单窗台砌法相同。

⑥楼层砌砖：一层楼砌至要求的标高后，安装预制钢筋混凝土楼板或现浇钢筋混凝土楼板，现浇钢筋混凝土楼板需达到一定强度方可在其上面施工。

为了保证各层墙身轴线重合，并与基础定位轴线一致，在砌二层砖墙前要将轴线、标高由一层引测到二层楼上。

基础和墙身的弹线由龙门板控制，但随着砌筑高度的增加和施工期限的延长，龙门板不能长期保存，即使保存也无法使用。因此，为满足二层墙身引测轴线、标高的需要，通常用经纬仪把龙门板上的轴线反到外墙面上，做出标记；用水准仪把龙门板上的±0.000 反到里外墙角，画出水平线，如图 5-33 所示。

当引测二层以上各层的轴线时，既可以把墙面上的轴线标记用经纬仪投测到楼层上去，也可以用线锤挂下来的方法引测。外墙轴线引到二层以后，再用钢尺量出各道内墙轴线，将墙身线弹到楼板上，使上下层墙重合，避免墙落空或尺寸偏移。各层楼的窗间墙、窗洞口一般也要从下层窗口用线锤吊上来，使各层楼的窗间墙、洞口上下对齐，都在同一垂直线上。

当引测二层以上各层的标高时，有 2 种方法，一是利用皮数杆传递，一层一层往上接；二是由底层墙上的水平标志线用钢尺或长杆往上量，定出各墙的标高点，然后立皮数杆。立皮数杆时，上下层的皮数杆一定要衔接吻合。要求外墙砌完后，看不出

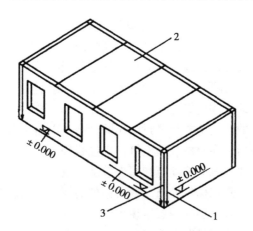

**图 5-33　楼层轴线的引测**
1. 线锤；2. 第二层楼板；3. 轴线

上下层的分界线，水平灰缝上下要均匀一致，内墙的第一皮砖与外墙的第一皮砖应在同一水平接槎交圈。如皮数不一致发生错层，应找平后再进行砌筑。楼层砌砖的其他步骤方法同底层砖墙。

⑦山尖、封山：当坡形屋顶建筑砌筑山墙时，在砌到檐口标高时要往上收砌山尖。一般在山墙的中心位置钉上一根皮数杆，在皮数杆上按山尖屋脊标高处钉一根钉子，往前后檐挂斜线，砌时按斜线坡度，用踏步槎向上砌筑，如图 5-34 所示。不用皮数杆砌山尖时，应用托线板和三脚架随砌随校正，当砌筑高超过 4m 时，需增设临时支撑，砂浆强度等级提高一级。

**图 5-34　砌山尖**

在砌到檩条底标高时，将檩条位置留出，待安放完檩条后，就可进行封山。封山分为平封山和高封山。平封山砌砖是按正放好的檩条上皮拉线，或按屋面钉好的屋面板找平，并按挂在山尖两侧的斜线打砖槎子。砖要砌成楔形斜坡，然后用砂浆找平，斜槎找平后，即可砌出檐砖。

高封山的砌法基本与平封山相同，高封山出屋面的高度按图样要求砌好后，在脊檩端头上钉一小挂线杆，自高封山顶部标高往前后檐挂线，线的坡度应和屋面坡度一致，山尖应在正中。砌斜坡砖时应注意在檐口处与山墙两檐处的撞头交圈。高封山砌完后，在墙顶上砌一层或两层压顶出檐砖，以备抹灰。

⑧挑檐：挑檐是在山墙前后檐口处，向外挑出的砖砌体。在砌挑檐前应先检查墙身高度，前后两坡及左右两山是否在一个水平面上，计算一下出檐后高度是否能使挂瓦时坡度顺直。砖挑檐的砌筑方法有一皮一挑、二皮一挑和一皮间隔挑等，挑层最下一皮为丁砖，每皮砖挑出宽度不大于 60mm。砌砖时，在两端各砌一块丁砖，然后在丁砖的底棱挂线，并在线的两端用尺量一下是否挑出一致。砌砖时先砌内侧砖，后砌外面挑出砖，以便压住下一层挑檐砖，以防止使刚砌完的檐子下落，如图 5-35 所示。

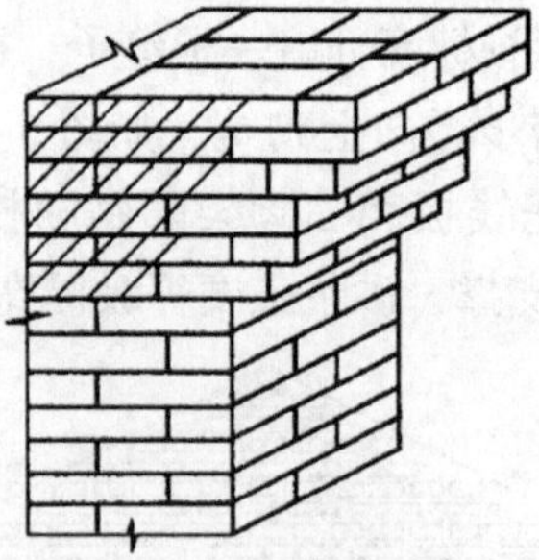

**图 5-35　挑檐砌法**

砌时立缝要嵌满砂浆，水平缝的砂浆外边要略高于里边，以便沉陷后檐头不至下垂。砂浆强度等级应比砌墙用料提高一级，一般不低于 M5。

9. 变形缝的砌筑与处理

当砌筑变形缝两侧的砖墙时，要找好垂直，缝的大小应上下一致，不能中间接触或有支撑物。砌筑时要特别注意，不要把砂浆、碎砖、钢筋头等掉入变形缝内，以免影响建筑物的自由伸缩、沉降和晃动。

变形缝口部的处理必须按设计要求，不能随便更改，缝口的处理要满足此缝的功能上的要求。如伸缩缝一般用麻丝沥青填缝，而沉降缝则不允许填缝。墙面变形缝的处理形式，如图 5-36 所示。屋面变形缝的处理，如图 5-37 所示。

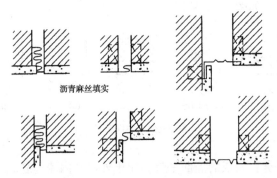

沥青麻丝填实

图 5-36 墙面变形缝处理形式

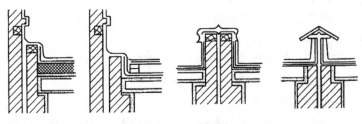

图 5-37 屋面变形缝处理

10. 砖墙面勾缝

（1）砖墙面勾缝前，应做好下列准备工作。

①清除墙面黏结的砂浆、泥浆和杂物等，并洒水湿润。

②开凿瞎缝，并对缺棱掉角的部位用与墙面相同颜色的砂浆修补齐整。

③将脚手眼内清理干净，洒水湿润，并用与原墙相同的砖补砌严密。

墙面勾缝应采用加浆勾缝，宜用细砂拌制的 1：1.5（质量比）水泥砂浆。砖内墙也可采用原浆勾缝，但必须随砌随勾，并使灰缝光滑密实。

（2）勾缝形式。勾缝形式有平缝、平凹缝、圆凹缝、凸缝、斜缝五种，如图 5-38 所示。

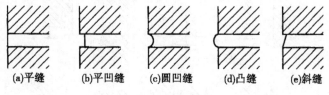

(a)平缝　(b)平凹缝　(c)圆凹缝　(d)凸缝　(e)斜缝

**图 5-38　勾缝形式**

①平缝：勾成的墙面平整，用于外墙及内墙勾缝。

②凹缝：照墙面退进 2~3mm 深。凹缝又分平凹缝和圆凹缝，圆凹缝是将灰缝压溜成一个圆形的凹槽。

③凸缝：凸缝是将灰缝做成圆形凸线，使线条清晰明显，墙面美观，多用于石墙。

④斜缝：斜缝是将水平缝中的上部勾缝砂浆压进一些，使其成为一个斜面向上的缝，该缝泄水方便，多用于烟囱。

（3）勾缝操作要点。

①勾缝前对清水墙面进行 1 次全面检查，开缝嵌补。对个别

瞎缝（2砖紧靠一起没有缝）、划缝不深或水平缝不直的都应进行开缝，使灰缝宽度一致。

②填堵脚手眼时，要首先清除脚手眼内残留的砂浆和杂物，用清水把脚手眼内润湿，在水平方向摊平一层砂浆，内部深处也必须填满砂浆。塞砖时，砖上面也摊平一层砂浆，然后再填塞进脚手眼。填的砖必须与墙面齐平，不应有凸凹现象。

③勾缝的顺序是从上而下进行，先勾水平缝。勾水平缝是用长溜子。自右向左，右手拿溜子，左手拿托板，将托灰板顶在要勾的灰口下沿，用溜子将灰浆压入缝内（预喂缝），自右向左随压随勾随移动托灰板。勾完一段后，溜子自左向右，在砖缝内将灰浆压实、压平、压光，使缝深浅一致。勾立缝用短溜子，自上而下在灰板上将灰刮起（俗称叼灰），勾入竖缝，塞压密实平整。勾好的水平缝要深浅一致，搭接平整，阳角要方正，不得有凹和波浪现象，如图5-39所示。

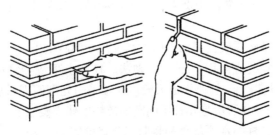

**图5-39 墙面勾缝**

门窗框边的缝、门窗碹底、虎头砖底和出檐底都要勾压严实。勾完后，要立即清扫墙面，勿使砂浆沾污墙面。

### 三、砖柱的砌筑

1. 砖柱的构造形式

砖柱主要断面形式有方形、矩形、多角形、圆形等。方柱最小断面尺寸为 365mm×365mm；矩形柱为 240mm×365mm；多角形、圆柱形最小内直径为 365mm。

2. 砖柱的砌筑方法

（1）组砌方法应正确，一般采用满丁满条。

（2）里外咬槎，上下层错缝，采用"三一"砌砖法（即一铲灰，一块砖，一挤揉），严禁用水冲砂浆灌缝的方法。

3. 砖柱砌筑要点

（1）砖柱砌筑前，基层表面应清扫干净，洒水湿润。基础面高低不平时，要进行找平，小于 3cm 的要用 1：3 水泥砂浆；大于 3cm 的要用细石混凝土找平，使各柱第一皮砖在同一标高上。

（2）砌砖柱应四面挂线，当多根柱子在同一轴线上时，要拉通线检查纵横柱网中心线，同时，应在柱的近旁竖立皮数杆。

（3）柱砖应选择棱角整齐，无弯曲、裂纹，颜色均匀，规格基本一致的砖。对于圆柱或多角柱要按照排砌方案加工弧形砖或切角砖。加工砖面须磨平，加工后的砖应编号堆放，砌筑时，对号入座。

（4）排砖摆底，根据排砌方案进行干摆砖试排。

（5）砌砖宜采用"三一"砌法。柱面上下皮竖缝应相互错开 1/2 砖长以上。柱心无通天缝。严禁采用先砌四周后填心的砌法。如图 5-40 所示是几种不同断面砖柱的错误砌法。

（6）砖柱的水平灰缝和竖向灰缝宽度宜为 10mm，且不应小于 8mm，也不应大于 12mm。水平灰缝的砂浆饱满度不得小于 80%，竖缝也要求饱满，不得出现透明缝。

（7）柱砌至上部时，要拉线检查轴线、边线、垂直度，保证柱位置正确。同时，还要对照皮数杆的砖层及标高，如有偏差时，应在水平灰缝中逐渐调整，使砖的层数与皮数杆一致。砌楼层砖柱时，要检查上层弹的墨线位置是否与下层柱子有偏差，以防止上层柱落空砌筑。

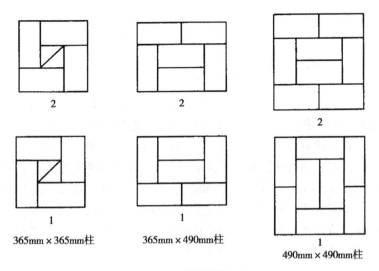

365mm×365mm柱      365mm×490mm柱

490mm×490mm柱

图5-40 砖柱错误砌法

（8）2m高范围内清水柱的垂直偏差不大于5mm，混水柱不大于8mm，轴线位移不大于10mm。每天砌筑高度不宜超过1.8m。

（9）单独的砖柱砌筑，可立固定皮数杆，也可以经常用流动皮数杆检查高低情况。当几个砖柱同列在一条直线上时，可先砌两头砖柱，再在其间逐皮拉通线砌筑中间部分砖柱，这样易控制皮数正确、进出及高低一致。

（10）砖柱与隔墙相交，不能在柱内留阴槎，只能留阳槎，并加联结钢筋拉结。如在砖柱水平缝内加钢筋网片，在柱子一侧要露出1~2mm以便检查，看是否遗漏，填置是否正确。砌楼层砖柱时，要检查上层弹的墨线位置是否和下层柱对准，防止上下层柱错位，落空砌筑。

（11）砖柱四面都有棱角，在砌筑时一定要勤检查，尤其是下面几皮砖要吊直，并要随时注意灰缝平整，防止发生砖柱扭曲或砖皮一头高、一头低等情况。

（12）砖柱表面的砖应边角整齐、色泽均匀。

（13）砖柱的水平灰缝厚度和竖向灰缝宽度宜为 10mm 左右。

（14）砖柱上不得留设脚手眼。

4. 网状配筋砖柱砌筑

网状配筋砖柱是指水平灰缝中配有钢筋网的砖柱。网状配筋砖柱所用的砖，不应低于 MU10；所用的砂浆，不应低于 M5。

钢筋网有方格网和连弯网 2 种。方格网的钢筋直径为 3 ~ 4mm，连弯网的钢筋直径不大于 8mm。钢筋网中钢筋的间距，不应大于 120mm，并不应小于 30mm。钢筋网沿砖柱高度方向的间距，不应大于五皮砖，并不应大于 400mm。当采用连弯网时，网的钢筋方向应互相垂直，沿砖柱高度方向交错设置，连弯网间距取同一方向网的间距，如图 5-41 所示。

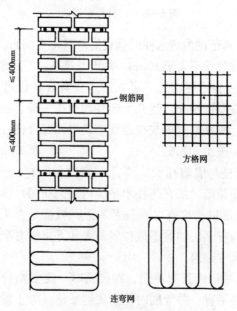

图 5-41　网状配筋砖柱

网状配筋砖柱砌筑时，按上述砖柱砌筑进行，在铺设有钢筋网的水平灰缝砂浆时，应分 2 次进行。先铺厚度一半的砂浆，放上钢筋网，再铺厚度一半的砂浆，使钢筋网置于水平灰缝砂浆层的中间，并使钢筋网上下各有 2mm 的砂浆保护层。放有钢筋网的水平灰缝厚度为 10~12mm，其他灰缝厚度控制在 10mm 左右。

5. 质量标准

（1）一般规定。

①冻胀环境和条件的地区，地面以下或防潮层以下的砌体不宜采用多孔砖。

②砌筑时，砖应提前 1~2 天浇水湿润。烧结普通砖、多孔砖含水率宜为 10%~15%，灰砂砖、粉煤灰砖含水率宜为 5%~8%。

（2）主控项目。

①砖和砂浆的强度等级必须符合设计要求。

抽检数量 每一生产厂家的砖到现场后，按烧结砖 15 万块为一验收批，抽检数量为一组。砂浆试块的抽检数量，同一类型、强度等级的试块应不少于 3 组。

检验方法 查砖和砂浆试块试验报告。

②砌体水平灰缝的砂浆饱满度不得小于 80%。

抽查数量 每检验批抽查不应少于 5 处。

检验方法 用百格网检查砖底面与砂浆的黏结痕迹面积。每处检测 3 块砖，取其平均值。

③砖柱砌体的位置及垂直度允许偏差同砖砌体工程的有关规定。

（3）一般项目。

①砖柱不得采用包心砌法。

检验方法 观察检查。

②砖柱的灰缝应横平竖直，厚薄均匀。水平灰缝厚度宜为 10mm，但不应小于 8mm，也不应大于 12mm。

检验方法　用尺量 10 皮砖砌体高度折算。

### 四、砖拱的砌筑

#### 1. 砖砌平碹

砖平碹多用烧结普通砖与水泥混合砂浆砌成。砖的强度等级应不低于 MU10，砂浆的强度等级应不低于 M5。它的厚度一般等于墙厚，高度为一砖或一砖半，外形呈楔形，上大下小。

砌筑时，先砌好两边拱脚，当墙砌到门窗上口时，开始在洞口两边墙上留出 20~30mm 错台，作为拱脚支点（俗称碹肩），而砌碹的两膀墙为拱座（俗称碹膀子）。除立碹外，其他碹膀子要砍成坡面，一砖碹错台上口宽 40~50mm，一砖半上口宽 60~70mm，如图 5-42 所示。

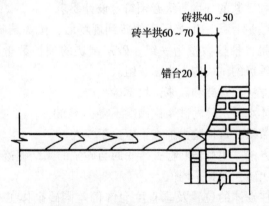

**图 5-42　拱座砌筑（单位：mm）**

再在门窗洞口上部支设模板，模板中间应有 1% 的起拱。在模板画出砖及灰缝位置，务必使砖数为单数。然后从拱脚处开始同时向中间砌砖，正中一块砖要紧紧砌入。灰缝宽度，在过梁顶部不超过 15mm，在过梁底部不小于 5mm。待砂浆强度达到设计强度的 50% 以上时方可拆除模板，如图 5-43 所示。

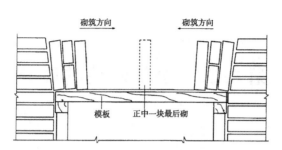

图 5-43　平拱式过梁砌筑

2. 拱碹

拱碹又称弧拱、弧碹。多采用烧结普通砖与水泥混合砂浆砌成。砖的强度等级应不低于 MU10，砂浆的强度等级应不低于 M5。它的厚度与墙厚相等，高度有一砖、一砖半等，外形呈圆弧形。

砌筑时，先砌好两边拱脚，拱脚斜度依圆弧曲率而定。再在洞口上部支设模板，模板中间有 1% 的起拱。在模板画出砖及灰缝位置，务必使砖数为单数，然后从拱脚处开始同时向中间砌砖，正中一块砖应紧紧砌入。

灰缝宽度在过梁顶部不超过 15mm，在过梁底部不小于 5mm。待砂浆强度达到设计强度的 50% 以上时方可拆除模板，如图 5-44 所示。

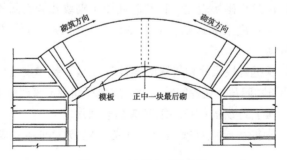

图 5-44　弧拱式过梁砌筑

# 第六章　小型砌块的砌筑

## 第一节　混凝土小型空心砌块砌筑

### 一、施工准备

（1）运到现场的小砌块，应分规格、分等级堆放，堆放场地必须平整，并做好排水。小砌块的堆放高度不宜超过 1.6m。

（2）对于砌筑承重墙的小砌块应进行挑选，剔出断裂小砌块或壁肋中有竖向凹形裂缝的小砌块。

（3）龄期不足 28 天及潮湿的小砌块不得进行砌筑。

（4）普通混凝土小砌块不宜浇水；当天气干燥炎热时，可在砌块上稍加喷水润湿；轻骨料混凝土小砌块可洒水，但不宜过多。

（5）清除小砌块表面污物和芯柱用小砌块孔洞底部的毛边。

（6）砌筑底层墙体前，应对基础进行检查。清除防潮层顶面上的污物。

（7）根据砌块尺寸和灰缝厚度计算皮数，制作皮数杆。皮数杆立在建筑物四角或楼梯间转角处。皮数杆间距不宜超过 15m。

（8）准备好所需的拉结钢筋或钢筋网片。

（9）根据小砌块搭接需要，准备一定数量的辅助规格的小砌块。

（10）砌筑砂浆必须搅拌均匀，随拌随用。

## 二、砌块排列

（1）砌块排列时，必须根据砌块尺寸、垂直灰缝的宽度和水平灰缝的厚度计算砌块砌筑皮数和排数，以保证砌体的尺寸合格；砌块排列应按设计要求，从基础面开始排列，尽可能采用主规格和大规格砌块，以提高台班产量。

（2）外墙转角处和纵横墙交接处，砌块应分皮咬槎，交错搭砌，以增加房屋的刚度和整体性。

（3）砌块墙与后砌隔墙交接处，应沿墙高每隔400mm在水平灰缝内设置不少于2φ4、横筋间距不大于200mm的焊接钢筋网片，钢筋网片伸入后砌隔墙内不应小于600mm，如图6-1所示。

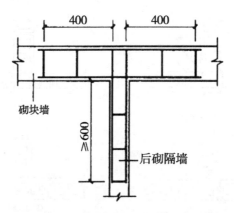

**图6-1　砌块墙与后砌隔墙交接处钢筋网片（单位：mm）**

（4）砌块排列应对孔错缝搭砌，搭砌长度不应小于90mm。如果搭接错缝长度满足不了规定的要求，应采取压砌钢筋网片或设置拉结筋等措施，具体构造按设计规定。

（5）对设计规定或施工所需要的孔洞口、管道、沟槽和预埋件等，应在砌筑时预留或预埋，不得在砌筑好的墙体上打洞、凿槽。

（6）砌体的垂直缝应与门窗洞口的侧边线相互错开，不得同缝，错开间距应大于150mm，且不得采用砖镶砌。

（7）砌体水平灰缝厚度和垂直灰缝宽度一般为10mm，且不应大于12mm，也不应小于8mm。

（8）在楼地面砌筑一皮砌块时，应在芯柱位置侧面预留孔洞。为便于施工操作，预留孔洞的开口一般应朝向室内，以便清理杂物、绑扎和固定钢筋。

（9）设有芯柱的"T"形接头砌块第一皮至第六皮排列平面，如图6-2所示。第七皮开始又重复第一皮至第六皮的排列，但不用开口砌块，其排列立面，如图6-3所示。设有芯柱的L形接头第一皮砌块排列平面，如图6-4所示。

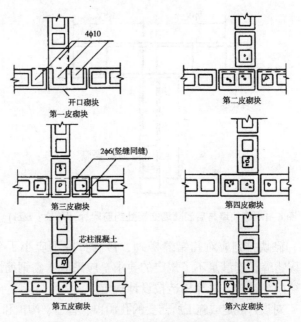

图6-2　"T"形芯柱接头砌块排列平面图

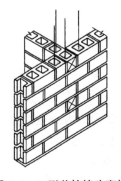

图6-3 T形芯柱接头砌块
排列立面图

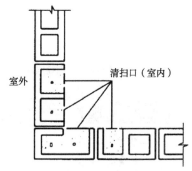

图6-4 L形芯柱接头第一皮
砌块排列平面图

### 三、芯柱设置

1. 墙体宜设置芯柱的部位

（1）在外墙转角、楼梯间四角的纵横墙交接处的3个孔洞，宜设置素混凝土芯柱。

（2）五层及五层以上的房屋，应在上述的部位设置钢筋混凝土芯柱。

2. 芯柱的构造要求

（1）芯柱截面不宜小于120mm×120mm，宜用不低于C20的细石混凝土浇灌。

（2）钢筋混凝土芯柱每孔内插竖筋不应少于1φ10，底部应伸入室内地面以下500mm或与基础圈梁锚固，顶部与屋盖圈梁锚固。

（3）在钢筋混凝土芯柱处，沿墙高每隔600mm应设φ4钢筋网片拉结，每边伸入墙体不小于600mm，如图6-5所示。

（4）芯柱应沿房屋的全高贯通，并与各层圈梁整体现浇，可采用如图6-6所示的做法。

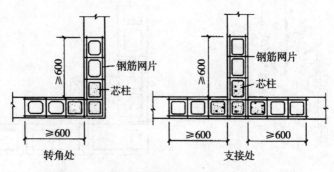

**图 6-5　钢筋混凝土芯柱处拉筋（单位：mm）**

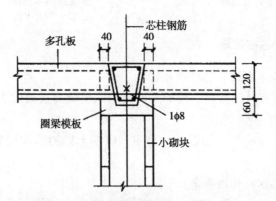

**图 6-6　芯柱贯穿楼板的构造（单位：mm）**

在 6~8 度抗震设防的建筑物中，应按芯柱位置要求设置钢筋混凝土芯柱；对医院、教学楼等横墙较少的房屋，应根据房屋增加一层的层数，按表 6-1 的要求设置芯柱。

芯柱竖向插筋应贯通墙身且与圈梁连接；插筋不应小于 12mm。芯柱应伸入室外地下 500mm 或锚入浅于 500mm 的基础圈梁内。芯柱混凝土应贯通楼板，当采用装配式钢筋混凝土楼板时，可采用如图 6-7 所示的方式采取贯通措施。

**表 6-1　抗震设防区混凝土小型空心砌块房屋芯柱设置要求**

| 房屋层数及抗震设防烈度 | | | 设置部位 | 设置数量 |
|---|---|---|---|---|
| 6 度 | 7 度 | 8 度 | | |
| 四 | 三 | 二 | 外墙转角、楼梯间四角、大房间内外墙交接处 | |
| 五 | 四 | 三 | | |
| 六 | 五 | 四 | 外墙转角、楼梯间四角、大房间内外墙交接处，山墙与内纵墙交接处，隔开间横墙（轴线）与外纵墙交接处 | 外墙转角灌实 3 个孔；内外墙交接处灌实 4 个孔 |
| 七 | 六 | 五 | 外墙转角，楼梯间四角，各内墙（轴线）与外墙交接处；8 度时，内纵墙与横墙（轴线）交接处和洞口两侧 | 外墙转角灌实 5 个孔；内外墙交接处灌实 4 个孔；内墙交接处灌实 4~5 个孔；洞口两侧各灌实 1 个孔 |

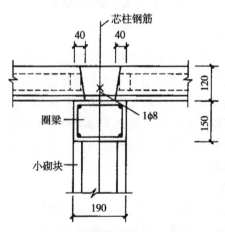

**图 6-7　芯柱贯通楼板措施（单位：mm）**

　　抗震设防地区芯柱与墙体连接处，应设置 φ4 钢筋网片拉结，钢筋网片每边伸入墙内不宜小于 1m，且沿墙高每隔 600mm 设置。

### 四、小砌块砌筑

**1. 组砌形式**

混凝土空心小砌块墙的立面组砌形式仅有全顺一种，上、下竖向相互错开 190mm；双排小砌块墙横向竖缝也应相互错开 190mm，如图 6-8 所示。

**图 6-8　混凝土空心小砌块墙**

**2. 组砌方法**

混凝土空心小砌块宜采用铺灰反砌法进行砌筑。先用大铲或瓦刀在墙顶上摊铺砂浆，铺灰长度不宜超过 800mm。再在已砌砌块的端面上刮砂浆，双手端起小砌块，并使其底面向上，摆放在砂浆层上，与前一块挤紧，使上下砌块的孔洞对准，挤出的砂浆随手刮去。若使用一端有凹槽的砌块时，应将有凹槽的一端接着平头的一端砌筑。

**3. 组砌要点**

普通混凝土小砌块不宜浇水，当天气干燥炎热时，可在砌块上稍加喷水润湿；轻集料混凝土小砌块施工前可洒水，但不宜过多。龄期不足 28 天及潮湿的小砌块不得进行砌筑。

应尽量采用主规格小砌块，小砌块的强度等级应符合设计要求，并应清除小砌块表面污物和芯柱用小砌块孔洞底部的毛边。

在房屋四角或楼梯间转角处设立皮数杆，皮数杆间距不得超过 15m。皮数杆上应画出各皮小砌块的高度及灰缝厚度。在皮数杆上相对小砌块上边线之间拉准线，小砌块依准线砌筑。

小砌块砌筑应从转角或定位处开始，内外墙同时砌筑，纵横墙交错搭接。外墙转角处应使小砌块隔皮露端面；T 字交接处应使横墙小砌块隔皮露端面，纵墙在交接处改砌两块辅助规格小砌块（尺寸为 290mm×190mm×190mm，一头开口），所有露端面用水泥砂浆抹平，如图 6-9 所示。

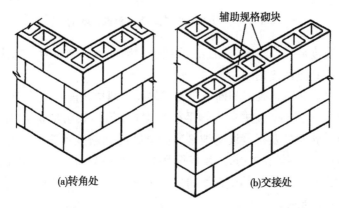

(a)转角处　　　　　　　　　　　　(b)交接处

**图 6-9　小砌块墙转角处及 T 字交接处砌法**

小砌块应对孔错缝搭砌。上下皮小砌块竖向灰缝相互错开 190mm。个别情况当无法对孔砌筑时，普通混凝土小砌块错缝长度不应小于 90mm；轻骨料混凝土小砌块错缝长度不应小于 120mm。当不能保证此规定时，应在水平灰缝中设置 2φ4 钢筋网片，钢筋网片每端均应超过该垂直灰缝，其长度不得小于 300mm，如图 6-10 所示。

小砌块砌体的灰缝应横平竖直，全部灰缝均应铺填砂浆。水平灰缝的砂浆饱满度不得低于 90%；竖向灰缝的砂浆饱满度不得低于 80%；砌筑中不得出现瞎缝、透明缝。水平灰缝厚度和竖向

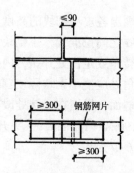

图 6-10　水平灰缝中拉结筋（单位：mm）

灰缝宽度应控制在 8~12mm。当缺少辅助规格小砌块时，砌体通缝不应超过两皮砌块。

小砌块砌体临时间断处应砌成斜槎，斜槎长度不应小于斜槎高度的 2/3（一般按一步脚手架高度控制）。如留斜槎有困难，除外墙转角处及抗震设防地区，砌体临时间断处不应留直槎外，可从砌体面伸出 200mm 砌成阴阳槎，并沿砌体高每三皮砌块（600mm），设拉结筋或钢筋网片。接槎部位宜延至门窗洞口，如图 6-11 所示。

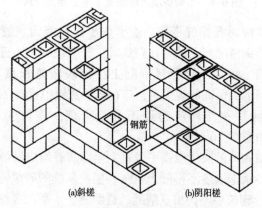

(a)斜槎　　　　　(b)阴阳槎

图 6-11　小砌块砌体斜槎和直接

承重砌体严禁使用断裂小砌块或壁肋中有竖向凹形裂缝的小砌块砌筑；也不得采用小砌块与烧结普通砖等其他块体材料混合砌筑。

小砌块砌体内不宜设脚手眼。如必须设置时，可用辅助规格190mm×190mm×190mm 小砌块侧砌，利用其孔洞作脚手眼，砌体完工后用 C15 混凝土填实。但在砌体下列部位不得设置脚手眼。

（1）过梁上部，与过梁成 60°角的三角形及过梁跨度 1/2 范围内。

（2）宽度不大于 800mm 的窗间墙。

（3）梁和梁垫下及左右各 500mm 的范围内。

（4）门窗洞口两侧 200mm 内和砌体交接处 400mm 的范围内。

（5）设计规定不允许设脚手眼的部位。

小砌块砌体相邻工作段的高度差不得大于一个楼层高度或 4m。

常温条件下，普通混凝土小砌块的日砌筑高度应控制在 1.8m 内；轻骨料混凝土小砌块的日砌筑高度应控制在 2.4m 内。

对砌体表面的平整度和垂直度，灰缝的厚度和砂浆饱满度应随时检查，校正偏差。在砌完每一楼层后，应校核砌体的轴线尺寸和标高。允许范围内的轴线及标高的偏差，可在楼板面上予以校正。

**五、混凝土小型空心砌块砌筑质量标准**

1. 主控项目

（1）小砌块和砂浆的强度等级必须符合设计要求。

抽检数量：每一生产厂家，每 1 万块小砌块至少应抽检 1 组；用于多层建筑基础和底层的小砌块抽检数量不应少于 2 组。

砂浆试块的抽检数量：每一检验批且不超过 250m。砌体的各种类型及强度等级的砌筑砂浆，每台搅拌机应至少抽检 1 次。检验方法为查小砌块和砂浆试块试验报告。

（2）砌体水平灰缝的砂浆饱满度，应按净面积计算，且不得低于 90%；竖向灰缝饱满度不得小于 80%；竖向缝凹槽部位应用砌筑砂浆填实，不得出现瞎缝、透明缝。

抽检数量：每检验批不应少于 3 处。

检验方法：用专用百格网检测小砌块与砂浆黏结痕迹，每处检测 3 块小砌块，取其平均值。

（3）墙体转角处和纵横墙交接处应同时砌筑。临时间断处应砌成斜槎，斜槎水平投影长度不应小于高度的 2/3。

抽检数量：每检验批抽 20%接槎，且不应少于 5 处。

检验方法：观察检查。

（4）砌体的轴线偏移和垂直度偏差，应符合表 6-2 的规定。

表 6-2　混凝土小砌块砌体的轴线及垂直度允许偏差

| 项次 | 项目 | | | 允许偏差（mm） | 检验方法 |
|---|---|---|---|---|---|
| 1 | 轴线位置偏移 | | | 10 | 用经纬仪和尺检查或用其他测量仪器检查 |
| 2 | 垂直度 | 每层 | | 5 | 用 2m 托线板检查 |
| | | 全高 | ≤10m | 10 | 用经纬仪、吊线和尺检查，或用其他测量仪器检查 |
| | | | >10m | 20 | |

抽检数量：轴线查全部承重墙柱，外墙垂直度全高查阳角，不应少于 4 处，每层每 20m 查 1 处；内墙按有代表性的自然间抽 10%，但不应少于 3 间，每间不应少于 2 处，柱不少于 5 根。

2. 一般项目

（1）砌体的水平灰缝厚度和竖向灰缝宽度宜为 10mm，且不应大于 12mm，也不应小于 8mm。

抽检数量：每层楼的检测点不应少于 3 处。

检验方法：用尺量 5 皮小砌块的高度和 2m 砌体长度折算。

（2）小砌块砌体的一般尺寸允许偏差，应符合表 6-3 的规定。

表 6-3　小砌块砌体一般尺寸允许偏差

| 项次 | 项目 | | 允许偏差（mm） | 检验方法 | 抽检数量 |
|---|---|---|---|---|---|
| 1 | 基础顶面和楼面标高 | | ±5 | 用水平仪和尺检查 | 不应少于 5 处 |
| 2 | 表面平整度 | 清水墙、柱 | 5 | 用 2m 靠尺和楔形塞尺检查 | 有代表性自然间抽 10%，且不应少于 3 间，每间不应少于 2 处 |
| | | 混水墙、柱 | 8 | | |
| 3 | 门窗洞口高、宽（后塞口） | | ±5 | 用尺检查 | 检验批洞口的 10%，且不应少于 5 处 |
| 4 | 外墙上下窗口偏移 | | 20 | 以底层窗口为准，用经纬仪或吊线检查 | 检验批的 10%，且不应少于 5 处 |
| 5 | 水平灰缝平直度 | 清水墙 | 7 | 拉 10m 线和尺检查 | 有代表性自然间拉 10%，且不应少于 3 间，每间不应少于 2 处 |
| | | 混水墙 | 10 | | |

# 第二节　加气混凝土砌块砌筑

## 一、构造要求

（1）加气混凝土砌块可砌成单层墙或双层墙体。单层墙是将加气混凝土砌块立砌，墙厚为砌块的宽度。双层墙是将加气混凝土砌块立砌两层中间夹以空气层。两层砌块间，每隔500mm墙高在水平灰缝中放置φ4~6的钢筋扒钉，扒钉间距为600mm，空气层厚度70~80mm，如图6-12所示。

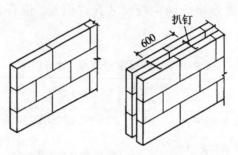

图6-12　加气混凝土砌块墙（单位：mm）

（2）承重加气混凝土砌块墙的外墙转角处、墙体交接处，均应沿墙高1m左右，在水平灰缝中放置拉结钢筋。拉结钢筋为3φ6，钢筋伸入墙内不小于1 000mm，如图6-13所示。

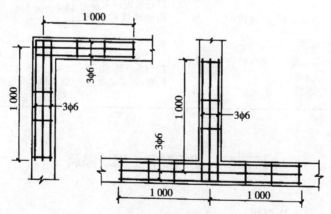

图6-13　承重砌块墙的拉结钢筋（单位：mm）

（3）非承重墙与承重墙交接处，应沿墙高每隔1m左右用

2φ6 或 3φ4 钢筋与承重墙拉结，每边伸入墙内长度不小于 700mm，如图 6-14 所示。

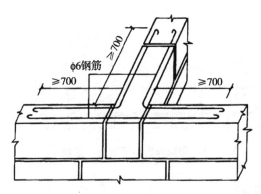

图 6-14　非承重墙与承重墙拉结（单位：mm）

（4）非承重墙与框架柱交接处，除了上述布置拉结筋外，还应用 φ8 钢筋套过框架柱后插入砌块顶的孔洞内，孔洞内用黏结砂浆分两次灌密实，如图 6-15 所示。

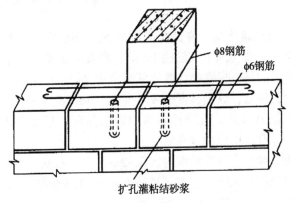

图 6-15　非承重墙与框架柱拉结

（5）为防止加气混凝土砌块砌体开裂，在墙体洞口的下部应放置 2φ6 钢筋。伸过洞口两侧边的长度，每边不得少于 500mm，如图 6-16 所示。

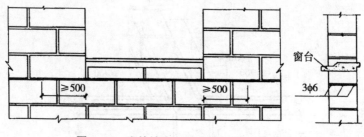

图 6-16　砌块墙窗口下配筋（单位：mm）

## 二、砌筑准备

（1）墙体施工前，应将基础顶面或楼层结构面按标高找平，依据图纸放出第一皮砌块的轴线，砌体的边线及门窗洞口位置线。

（2）砌块提前 2 天进行浇水湿润，浇水时把砌块上的浮尘冲洗干净。

（3）砌筑墙体前，应根据房屋立面及剖面图、砌块规格等绘制砌块排列图（水平灰缝按 15mm，垂直灰缝按 20mm），按排列图制作皮数杆，根据砌块砌体标高要求立好皮数杆，皮数杆立在砌体的转角处，纵向长度一般不应大于 15m 立 1 根。

（4）配制砂浆。按设计要求的砂浆品种、强度等级进行砂浆配制，配合比由试验室确定。

采用重量比，计量精度为水泥±2%，砂、石灰膏控制在±5%以内，应采用机械搅拌，搅拌时间不少于 11.5 分钟。

## 三、砌块排列

（1）应根据工程设计施工图纸，结合砌块的品种规格，绘制砌体砌块的排列图，经审核无误后，按图进行排列。

（2）排列应从基础顶面或楼层面进行，排列时应尽量采用主规格的砌块，砌体中主规格砌块应占总量的80%以上。

（3）砌块排列应按设计的要求进行，砌筑外墙时，应避免与其他墙体材料混用。

（4）砌块排列上下皮应错缝搭砌，搭砌长度一般为砌块长度的1/3，且不应小于150mm。

（5）砌体的垂直缝与窗洞口边线要避免同缝。

（6）外墙转角处及纵横墙交接处，应将砌块分皮咬槎，交错搭砌。砌体砌至门窗洞口边非整块时，应用同品种的砌块加工切割成，不得用其他砌块或砖镶砌。

（7）砌体水平灰缝厚度一般为15mm。加网片筋的砌体、水平灰缝的厚度为20～25mm，垂直灰缝的厚度为20mm。大于30mm的垂直灰缝应用C20级细石混凝土灌实。

（8）凡砌体中需固定门窗或其他构件以及放置过梁、搁板等部位，应尽量采用大规格和规则整齐的砌块砌筑，不得使用零星砌块砌筑。

（9）砌块砌体与结构构件位置有矛盾时，应先满足构件要求。

### 四、砌筑要点

（1）将搅拌好的砂浆通过吊斗或手推车运至砌筑地点，在砌块就位前用大铁锹、灰勺，进行分块铺灰，较小的砌块最大铺灰长度不得超过1 500mm。

（2）砌块就位与校正。砌块砌筑前应把表面浮尘和杂物清理干净，砌块就位应先远后近，先下后上，先外后内；应从转角处或定位砌块处开始，吊砌一皮校正一皮。

（3）砌块就位与起吊应避免偏心，使砌块底面水平下落，就位时由人手扶控制，对准位置，缓慢地下落。经小撬棍微撬，拉线控制砌体标高和墙面平整度，用托线板挂直，校正为止。

（4）竖缝灌砂浆。每砌一皮砌块就位后，用砂浆灌实直缝，加气混凝土砌块墙的灰缝应横平竖直，砂浆饱满。水平灰缝砂浆饱满度不应小于90%；竖向灰缝砂浆饱满度不应小于80%。水平灰缝厚度宜为15mm；竖向灰缝宽度宜为20mm。随后进行灰缝的勒缝（原浆勾缝），深度一般为3~5mm。

（5）加气混凝土砌块的切锯、钻孔打眼、镂槽等应采用专用设备与工具进行加工，不得用斧、凿随意砍凿，砌筑上墙后更要注意。

（6）外墙水平方向的凹凸部分（如线脚、雨篷、窗台、檐口等）和挑出墙面的构件，应做好泛水和滴水线槽，以免其与加气混凝土砌体交接的部位积水，造成加气混凝土盐析、冻融破坏和墙体渗漏。

（7）砌筑外墙时，砌体上不得留脚手眼（洞），可采用里脚手或双排立柱外脚手。

（8）当加气混凝土砌块用于砌筑具有保温要求的砌体时，对外露墙面的普通钢筋混凝土柱、梁和挑出的屋面板、阳台板等部位，均应采取局部保温处理措施。如用加气混凝土砌块外包等，可避免贯通式"热桥"。在严寒地区，加气混凝土砌块应用保温砂浆砌筑（图6-17），在柱上还需每隔1m左右的高度甩筋或加柱箍钢筋与加气混凝土砌块砌体连接。

（9）砌筑外墙及非承重隔墙时，不得留脚手眼。

（10）不同干容重和强度等级的加气混凝土小砌块不应混砌，也不得用其他砖或砌块混砌。填充墙底、顶部及门窗洞口处局部采用烧结普通砖或多孔砖砌筑不视为混砌。

（11）加气混凝土砌块墙如无切实有效措施，不得使用于下列部位。

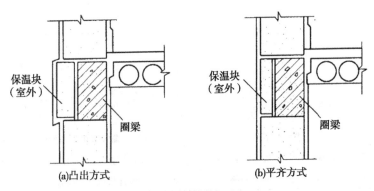

(a)凸出方式　　　　　　　　(b)平齐方式

图 6-17　外墙局部保温处理

①建筑物室内地面标高以下部位；

②长期浸水或经常受干湿交替影响部位；

③受化学环境侵蚀（如强酸、强碱）或高浓度二氧化碳等环境；

④砌块表面经常处于 80℃ 以上的高温环境。

**五、加气混凝土砌块砌筑质量标准**

1. 主控项目

砌块和砌筑砂浆的强度等级应符合设计要求。

检验方法：检查砌块的产品合格证书、产品性能检测报告和砂浆试块试验报告。

2. 一般项目

（1）砌体一般尺寸的允许偏差，应符合表 6-4 的规定。

对表 6-4 中 1 项、2 项，在检验批的标准间中随机抽查 10%，且不应少于 3 间；大面积房间和楼道连接两个轴线每 10 延长米按一标准间计数；每间检验不应少于 3 处。对表 6-4 中 3 项、4 项，在检验批中抽检 10%，且不应少于 5 处。

表 6-4　加气混凝土砌体一般尺寸允许偏差

| 项次 | 项目 | | 允许偏差（mm） | 检验方法 |
|---|---|---|---|---|
| 1 | 轴线位移 | | 10 | 用尺检查 |
| | 垂直度 | ≤3cm | 5 | 用2m托线板或吊线、尺检查 |
| | | >3cm | 10 | |
| 2 | 表面平整度 | | 8 | 用2m靠尺和楔形塞尺检查 |
| 3 | 门窗洞口高、宽（后塞口） | | ±5 | 用尺检查 |
| 4 | 外墙上、下窗口偏移 | | 20 | 用经纬仪或吊线检查 |

（2）加气混凝土砌块不应与其他块材混砌。

抽检数量：在检验批中抽检20%，且不应少于5处。

检验方法：外观检查。

（3）加气混凝土砌块砌体的灰缝砂浆饱满度不应小于80%。

抽检数量：每步架子不应少于3处，且每处不应少于3块。

检验方法：用百格网检查砌块底面砂浆的黏结痕迹面积。

（4）加气混凝土砌块砌体留置的拉结钢筋或网片的位置与砌块皮数相符合。拉结钢筋或网片置于灰缝中，埋置长度应符合设计要求，竖向位置偏差不应超过一定砌块高度。

抽检数量：在检验批中抽检20%，且不应少于5处。

检验方法：观察和用尺量检查。

（5）砌块砌筑时应错缝搭接，搭接长度不应小于砌块长度的1/3；竖向通缝不应大于2皮。

抽检数量：在检验批的标准间中抽查10%，且不应少于3间。

检验方法：观察和用尺检查。

（6）加气混凝土砌块砌体的水平灰缝厚度及竖向灰缝宽度分别宜为15mm和20mm。

抽检数量：在检验批的标准间中抽查 10%，且不应少于 3 间。

检验方法：用尺量 5 皮砌块的高度和 2m 砌体长度。

（7）加气混凝土砌块墙砌至接近梁、板底时，应留一定空隙，待墙体砌筑完并应至少间隔 7 天后，再将其补砌挤紧。

抽检数量：每验收批抽 10%墙片（每 2 柱间的填充墙为 1 片墙），且不应少于 3 片墙。

检验方法：观察检查。

## 第三节　粉煤灰砌块砌筑

### 一、砌块排列

（1）砌筑前，应根据工程设计施工图，结合砌块的品种、规格、绘制砌体砌块的排列图，经审核无误，按图排列砌块。

（2）砌块排列时尽可能采用主规格的砌块，砌体中主规格的砌块应占总量的 75% ~ 80%。其他副规格砌块（如 580mm × 380mm × 240mm、430mm × 380mm × 240mm、280mm × 380mm × 240mm）和镶砌用砖（标准砖或承重多孔砖）应尽量减少，分别控制在 5% ~ 10%。

（3）砌块排列上下皮应错缝搭砌，搭砌长度一般为砌块的 1/2；不得小于砌块高的 1/3，也不应小于 150mm。如果搭接缝长度满足不了要求，应采取压砌钢筋网片的措施，具体构造按设计规定。

（4）墙转角及纵横墙交接处，应将砌块分层咬槎，交错搭砌。如果不能咬槎时，按设计要求采取其他的构造措施。砌体垂直缝与门窗洞口边线应避开同缝，且不得采用砖镶砌。

（5）砌块排列尽量不镶砖或少镶砖，需要镶砖时，应用整砖镶砌，而且尽量分散、均匀布置，使砌体受力均匀。砖的强度等级应不小于砌块的强度等级。镶砖应平砌，不宜侧砌或竖砌。墙体的转角处和纵横墙交接处，不得镶砖；门窗洞口不宜镶砖，如需镶砖时，应用整砖镶砌，不得使用半砖镶砌。

在每一楼层高度内需镶砖时，镶砌的最后一皮砖和安置有搁栅、楼板等构件下的砖层须用丁砖镶砌，而且必须用无横断裂缝的整砖。

（6）砌体水平灰缝厚度一般为 15mm，如果加钢筋网片的砌体，水平灰缝厚度为 20~25mm，垂直灰缝宽度为 20mm；大于30mm 的垂直缝，应用 C20 的细石混凝土灌实。

## 二、砌块砌筑

（1）粉煤灰砌块墙砌筑前，应按设计图绘制砌块排列图，并在墙体转角处设置皮数杆。粉煤灰砌块的砌筑面适量浇水。

（2）粉煤灰砌块的砌筑方法可采用"铺灰灌浆法"。先在墙顶上摊铺砂浆，然后将砌块按砌筑位置摆放到砂浆层上，并与前一块砌块靠拢，留出不大于 20mm 的空隙。待砌完一皮砌块后，在空隙两旁装上夹板或塞上泡沫塑料条，在砌块的灌浆槽内灌砂浆，直至灌满。等到砂浆开始硬化不流淌时，即可卸掉夹板或取出泡沫塑料条，如图 6-18 所示。

（3）砌块砌筑应先远后近，先下后上，先外后内。每层应从转角处或定位砌块处开始，应吊一皮，校正一皮，每皮拉麻线控制砌块标高和墙面平整度。

（4）砌筑时，应采用无榫法操作，即将砌块直接安放在平铺的砂浆上。砌筑应做到横平竖直，砌体表面平整清洁，砂浆饱满，灌缝密实。

（5）内外墙应同时砌筑，相邻施工段之间或临时间断处的高度差不应超过一个楼层，并应留阶梯形斜槎。附墙垛应与墙体

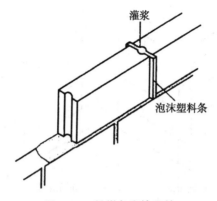

**图 6-18 粉煤灰砌块砌筑**

同时交错搭砌。

（6）粉煤灰砌块是立砌的，立面组砌形式只有全顺一种。上下皮砌块的竖缝相互错开 440mm，个别情况下相互错开不小于 150mm。

（7）粉煤灰砌块墙水平灰缝厚度应不大于 15mm，竖向灰缝宽度应不大于 20mm（灌浆槽处除外），水平灰缝砂浆饱满度应不小于 90%，竖向灰缝砂浆饱满度应不小于 80%。

（8）粉煤灰砌块墙的转角处及丁字交接处，可使隔皮砌块露头，但应锯平灌浆槽，使砌块端面为平整面，如图 6-19 所示。

（9）校正时，不得在灰缝内塞进石子、碎片，也不得强烈振动砌块；砌块就位并经校正平直、灌垂直缝后，应随即进行水平灰缝和竖缝的勒缝（原浆勾缝），勒缝的深度一般为 3~5mm。

（10）粉煤灰砌块墙中门窗洞口的周边，宜用烧结普通砖砌筑，砌筑宽度应不小于半砖。

（11）粉煤灰砌块墙与承重墙（或柱）交接处，应沿墙高 1.2m 左右在水平灰缝中设置 3 根直径 4mm 的拉结钢筋。拉结钢筋伸入承重墙内及砌块墙的长度均不小于 700mm。

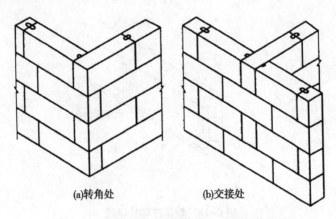

(a)转角处　　　　　　(b)交接处

**图 6-19　粉煤灰砌块墙转角处、交接处的砌法**

（12）粉煤灰砌块墙砌到接近上层楼板底时，因最上一皮不能灌浆，可改用烧结普通砖或煤渣砖斜砌挤紧。

（13）砌筑粉煤灰砌块外墙时，不得留脚手眼。每一楼层内的砌块墙应连续砌完，尽量不留接槎。如必须留槎时，应留成斜槎，或在门窗洞口侧边间断。

（14）当板跨大于 4m 并与外墙平行时，楼盖和屋盖预制板紧靠外墙的侧边宜与墙体或圈梁拉结锚固，如图 6-20 所示。

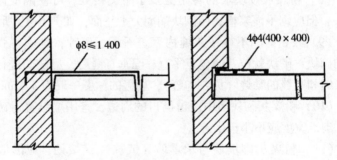

**图 6-20　非支承向板锚固筋（单位：mm）**

对于钢筋混凝土预制楼板相互之间以及板与梁、墙与圈梁的联结更要注意加强。

### 三、粉煤灰砌块砌筑质量标准

粉煤灰砌块砌体的质量标准可参照加气混凝土砌块砌体的质量标准。粉煤灰砌块砌体允许偏差，应符合表 6-5 的规定。

表 6-5　粉煤灰砌块砌体允许偏差

| 项次 | 项目 | | | 允许偏差（mm） | 检验方法 |
|---|---|---|---|---|---|
| 1 | 轴线位置 | | | 10 | 用经纬仪、水平仪复查或检查施工记录 |
| 2 | 基础或楼面标高 | | | ±15 | 用经纬仪、水平仪复查或检查施工记录 |
| 3 | 垂直度 | | 每楼层 | 5 | 用吊线法检查 |
| | | 全高 | 10m 以下 | 10 | 用经纬仪或吊线尺检查 |
| | | | 10m 以上 | 20 | 用经纬仪或吊线尺检查 |
| 4 | 表面平整 | | | 10 | 用 2m 长直尺和塞尺检查 |
| 5 | 水平灰缝平直度 | 清水墙 | | 7 | 灰缝上口处用 10m 长的线拉直并用尺检查 |
| | | 混水墙 | | 10 | |
| 6 | 水平灰缝厚度 | | | +10 | 与线杆比较，用尺检查 |
| 7 | 竖向灰缝宽度 | | | +10 −5 >30 用细石混凝土 | 用尺检查 |
| 8 | 门窗洞口宽度（后塞框） | | | +10，−5 | 用尺检查 |
| 9 | 清水墙面游丁走缝 | | | 2.0 | 用吊线和尺检查 |

# 第七章 砌筑工程季节施工

## 第一节 砌筑工程的冬期施工

根据《砌体结构工程施工质量验收规范》（GB 50203—2011）规定，根据当地气象资料，当室外日平均气温连续 5 天稳定低于 5℃时，砌体工程应采取冬期施工措施。冬期施工期限以外，当日最低气温低于 0℃时，也应采取冬期施工措施。

### 一、冬期施工一般规定

1. 冬期施工对原材料的基本要求

（1）砖石材料（普通砖、多孔砖、空心砖、灰砂砖、混凝土小型空心砌块、加气混凝土砌块），在砌筑前应清除表面污物及冰、霜、雪等；遇水浸泡后受冻的砖及砌块不能使用；当砌筑时的气温为 0℃以上时，可以适当将砖浇水湿润。气温低于、等于 0℃时不宜对砖浇水，但必须增大砂浆的稠度。除应符合上述条件外，石材表面不应有水锈。

（2）胶结材料及骨料，石灰膏、黏土膏或电石膏等宜保温防冻，当遭冻结时，应经融化后方可使用；冬期施工中拌制砌筑砂浆一般宜采用普通硅酸盐水泥，不可使用无熟料水泥，不得使用无水泥拌制的砂浆；拌制砂浆的砂子不得含有冰块和直径大于 10mm 的冻结块。拌和砂浆时，水的温度不得超过 80℃，砂的温度不得超过 40℃，砂浆稠度宜较常温时适当增大。

2. 冬期施工中对砌筑砂浆的使用要求

（1）冬期砌筑砂浆的性能质量要求，如表 7-1 所示。

表 7-1　冬期砌筑砂浆性能

| 项目 | 质量要求 |
|------|---------|
| 强度 | 经过一定硬化期后达到设计规定的强度 |
| 流动性 | 满足砌筑要求的流动性 |
| 砂浆组成 | 砂浆在运输和使用时不得产生泌水、分层离析现象，保证其组分的均匀性 |
| 抗冻、防腐 | 应符合抗冻性、防腐性方面的设计要求 |
| 砂浆配置 | 不得使用无水泥配制的砂浆 |

（2）冬期施工对砌筑砂浆的稠度要求，如表 7-2 所示。

表 7-2　砌筑砂浆的稠度

| 砌筑种类 | 稠度（mm） |
|---------|-----------|
| 砖砌体 | 80~130 |
| 人工砌的毛石砌体 | 40~60 |
| 振动的毛石砌体 | 20~30 |

## 二、冬期施工砌筑技术要求

冬期施工的砖砌体，应采用"三一"砌筑法施工或一顺一丁或梅花丁的挑砖方法，且灰缝厚度不应超过 10mm。

冬期施工中，每日砌筑后，应及时在砌体表面进行保护性覆盖，砌体表面不得留有砂浆。在继续砌筑前，应先扫净砌体表面，然后再施工。

普通砖、多孔砖和空心砖在气温高于 0℃ 条件下砌筑时，应浇水湿润。在气温低于或等于 0℃ 条件下砌筑时，可不浇水，但必须增大砂浆稠度 10~30mm，但不宜超过 130mm，以保证砂浆的黏结力。抗震设防烈度为 9 度的建筑物，普通砖、多孔砖和空心砖无法浇水湿润时，如无特殊措施，不得砌筑。

冬期施工时，可在砂浆中按一定比例掺入微沫剂，掺量一般为水泥用量（重量）的 0.005%~0.01%。微沫剂在使用前应用水稀释均匀，水温不宜低于 70℃，浓度以 5%~10% 为宜，并应在一周内使用完毕，以防变质，必须采用机械搅拌，拌和时间自投料起为 3~5 分钟。

基土不冻胀时，基础可在冻结的地基上砌筑；基土有冻胀时，必须在未冻的地基上砌筑。在施工时和回填土前，均应防止地基遭受冻结。

砂浆试块的留置，除应按常温规定要求外，尚应增设不少于两组与砌体同条件养护的试块，分别用于检验各龄期强度和转入常温的砂浆强度。

### 三、砌体工程冬期施工法

砌体工程冬期施工可采用外加剂法或暖棚法，见表 7-3。应优先选用外加剂法，对绝缘、装饰等有特殊要求的工程，可采用其他方法。

表 7-3    冬期砌筑常用的施工方法

| 施工方法 | 特 点 |
| --- | --- |
| 蓄热法 | 适用于北方初冬、南方冬季，天气特点是夜间结冻，白天解冻。利用这个规律，将砂浆加热，白天砌筑。每天完工后用草帘将砌体覆盖，使砂浆的热量不易散失，保持一定温度，从而使砂浆在未受冻前获得所需强度 |
| 外加剂法 | 在砂浆中掺入氯盐或亚硝酸钠等盐类，如气温更低时可以掺用复盐。掺盐能使砂浆中的水降低冰点，并能在空气负温下继续增长砂浆强度，以期保证砌筑的质量 |

（续表）

| 施工方法 | 特点 |
|---|---|
| 快硬砂浆法 | 采用快硬硅酸盐水泥砂浆，配合比为 1∶3 的快硬砂浆，并掺加 5%（占拌和水重）的氯化钠，使砂浆迅速达到所需强度 |
| 暖棚法<br>蒸汽法<br>电热法 | 一般用于个别荷载很大的结构，急需要使局部砌体具有一定的强度和稳定性以及在修缮中周部砌体需要立即恢复使用时，方可以考虑采用其中的一种方法。但这类方法费用较大，一般不宜采用 |

1. 外加剂法

外加剂法是在水泥砂浆或水泥混合砂浆中，掺入一定数量的抗冻早强剂（氯盐或亚硝酸钠等），使砂浆在一定负温下不致冻结，且砂浆强度还能继续增长与砖石形成一定的黏结力，从而在砌体解冻期间不必采用临时加固措施的一种形式。

（1）外加剂使用要求。

氯盐应以氯化钠为主，当气温低于 $-15℃$ 时，也可与氯化钙复合使用。氯盐掺量应按表 7-4 选用。

表 7-4　掺盐量

| 氯盐及砌体材料种类 | | 日最低气温（℃） | | | |
|---|---|---|---|---|---|
| | | ≥-10 | -15~-11 | -20~-16 | -25~-21 |
| 单掺氯化钠（%） | 砖、砌块 | 3 | 5 | 7 | — |
| | 石材 | 4 | 7 | 10 | — |
| 复掺（%） | 氯化钠 | — | — | 5 | 7 |
| 砖、砌块 | 氯化钙 | — | — | 2 | 3 |

注：氯盐以无水盐计，掺量为占拌和水质量百分比

外加剂溶液应设专人配制，并应先配制成规定的浓度溶液置于专用容器中，然后再按规定加入搅拌机中拌制成所需砂浆。如在氯盐砂浆中复掺引气型外加剂时，应在氯盐砂浆搅拌的后期加

入。砌筑时砂浆温度不应低于 5℃，当设计无要求，且最低气温等于或低于-15℃时，砌体的砂浆强度等级应按常温施工时提高一级。

采用氯盐砂浆时，砌体中配置的钢筋及钢预埋件，应预先做好防腐处理。

氯盐砂浆砌体施工时，每日砌筑高度不宜超过 1.2m。墙体留置的洞口，其侧边距交接处墙面不应小于 500mm。

下列情况不得采用掺氯盐的砂浆砌筑砌体。

①对装饰工程有特殊要求的建筑物。

②使用环境湿度大于 80% 的建筑物。

③配筋、钢铁埋件无可靠的防腐处理措施的砌体。

④接近高压电线的建筑物（如变电所、发电站等）。

⑤经常处于地下水位变化范围内以及在地下未设防水层的结构。

（2）外加剂法的施工工艺。

①外加剂法砌筑砖石砌体应采用"三一"砌砖法进行操作，并应采用一顺一丁或梅花丁的排砖方法。

②不得大面积铺灰，以减少砂浆温度散失，并使砂浆和砖的接触面充分结合。

③砌筑时，要求灰浆饱满，灰缝厚薄均匀，水平灰缝和垂直缝的厚度和宽度应控制在 8~10mm。

④当必须留置临时间断处时应砌成斜槎。

⑤砌体表面不应铺设砂浆层，宜采用保温材料加以覆盖；继续施工前，应先用扫帚扫净砖面，然后再施工。

2. 其他方法

砌体工程的冬期施工除常用外加剂法和冻结法外，尚可选用暖棚法、蓄热法、电加热法、蒸汽加热法和快硬砂浆法等施工方法。

（1）暖棚法。暖棚法是将被养护的砌体临时置于搭设的棚中，内部设置散热器、排管、电热器或火炉等加热棚内空气，使砌体处于正温条件下砌筑和养护的方法。

采用暖棚法要求棚内最低温度不得低于5℃，距离所砌结构底面0.5m处的棚内温度也不低于5℃，故应经常采用热风装置进行加热。由于搭暖棚需要消耗大量的材料、人工和能源，所以暖棚法成本高，效率低，一般不宜采用。

暖棚法适用于地下工程、基础工程、局部修复工程以及量小又急需砌筑使用的砌体结构。

砌体在暖棚内的养护时间应根据暖棚内的温度确定，并应符合表7-5规定。

表7-5　暖棚法砌体养护时间

| 暖棚内温度（℃） | 5 | 10 | 15 | 20 |
|---|---|---|---|---|
| 养护时间（天） | ≥6 | ≥5 | ≥4 | ≥3 |

（2）蓄热法。蓄热法是在施工过程中先将水和砂加热，使拌和后的砂浆在上墙时保持一定正温，以推迟冻结的时间，在一个施工段内的墙体砌筑完毕后，立即用保温材料覆盖其表面，使砌体中的砂浆在正温下达到其强度的20%。蓄热法可用于冬期气温不太低的地区（温度在-5~0℃），以及寒冷地区初冬或初春季节。特别适用地下结构。

（3）电热法。电热法是在砂浆内通过低压电流，使电能变为热能，产生热量以对砌体进行加热从而加速砂浆的硬化。电热法的温度不宜超过40℃。电热法要消耗很多电能，并需要一定的设备，故工程的附加费用较高。

该法仅用于修缮工程中局部砌体需立即恢复到使用功能和不能采用冻结法或外加剂法的结构部位。

（4）快硬砂浆法。快硬砂浆法是用快硬硅酸盐水泥（75%的普通硅酸盐水泥及 25%的矾土水泥）和加热的水及砂拌和制成的快硬砂浆，在受冻前能比普通砂浆获得更高的强度。

该法适用于热工要求高，湿度大于 80%及接触高压输电线路和配筋的砌体。

（5）蒸汽加热法。蒸汽加热法是利用蒸汽对砌体进行均匀的加热，使砌体得到适宜的温度和湿度，砂浆加快凝结与硬化。由于蒸汽加热法在实际施工过程中需要模板和其他有关材料，施工复杂，成本较高，功效较低，工期过长，故只有当蓄热法或其他方法不能满足施工要求和设计要求时方可采用。

## 第二节　砌体工程的雨期施工

### 一、砌体工程雨期施工要求

（1）砖在雨期必须集中堆放，以便用塑料薄膜、竹席等覆盖，且不宜浇水。砌墙时要求干湿砖块合理搭配。砖湿度过大时不可上墙，砌筑高度不宜超过 1.2m。

（2）砌筑施工遇大雨必须停工。砌砖收工时应在砖墙顶盖一层干砖，避免大雨冲刷灰浆。搅拌砂浆用砂，宜用中粗砂，因为中粗砂拌制的砂浆收缩变形小。另外，要减少砂浆用水量，防止砂浆使用中变稀。大雨过后，受雨冲刷过的新砌墙体应翻动最上面两皮砖。

（3）稳定性较差的窗间墙、独立砖柱，应加设临时支撑或及时浇筑圈梁，以增加砌体的稳定性。

（4）砌体施工时，内外墙要尽量同时砌筑；并注意转角及丁字墙间的连接要同时跟上，同时要适当地缩小砌体的水平灰缝，减少砌体的压缩变形，其水平灰缝宜控制在 8m 左右。遇台风时，应在与风向相反的方向加临时支撑，以保证墙体的稳定。

（5）雨后继续施工，必须复核已完工砌体的垂直度和标高。

## 二、雨期施工工艺

砌筑方法宜采用"铺浆法"和"三一法"。采用"铺浆法"时铺浆的长度不宜太大，以免受到雨水冲淋；采用"三一法"时，每天的砌筑高度应限制在 1.2m 以内，以减少砌体倾斜的可能性。必要时，可将墙体两面用夹板支撑加固。

根据雨期长短及工程实际情况，可搭活动的防雨棚，随砌筑位置变动而搬动。若有小雨时，可不必采取此措施。

收工时在墙上盖一层砖，并用草帘加以覆盖，以免雨水将砂浆冲掉。

## 三、雨期施工安全措施

雨期施工时，脚手架等应增设防滑设施，金属脚手架和高耸设备应有防雷接地设施。在梅雨季节，露天施工人员易受寒，要备好姜汤和药物。

# 参考文献

中华人民共和国国家标准. 2011. GB 50203—2011 砌筑结构工程施工质量验收规范 [S]. 北京：中国建筑工业出版社.

中华人民共和国国家标准. 2008. GB 2893—2008 安全色 [S]. 北京：中国标准出版社.

中华人民共和国国家标准. 2013. GB 50300—2013 建筑工程施工质量验收统一标准 [S]. 北京：中国建筑工业出版社.

中华人民共和国国家标准. 2012. GB 50207—2012 屋面工程质量验收规范 [S]. 北京：中国建筑工业出版社.

中华人民共和国国家标准. 2008. GB 2894—2008 安全标志 [S]. 北京：中国标准出版社.

朱敏. 2011. 砌筑工 [M]. 北京：中国环境科学出版社.

闫晨. 2012. 砌筑工 [M]. 北京：中国铁道出版社.

周海涛. 2012. 砌筑工基本技能 [M]. 北京：中国劳动社会保障出版社.